U. R. Uzakova
S. S. Rakhimkhodjaev

Desenvolvimento de tecnologia de produção para novas estruturasfitas jacquard

U. R. Uzakova
S. S. Rakhimkhodjaev

Desenvolvimento de tecnologia de produção para novas estruturasfitas jacquard

ScienciaScripts

Imprint

Cover image: www.ingimage.com

This book is a translation from the original published under ISBN 978-620-7-48433-1.

Publisher:
Sciencia Scripts
is a trademark of
Dodo Books Indian Ocean Ltd. and OmniScriptum S.R.L publishing group

120 High Road, East Finchley, London, N2 9ED, United Kingdom
Str. Armeneasca 28/1, office 1, Chisinau MD-2012, Republic of Moldova, Europe
Managing Directors: Ieva Konstantinova, Victoria Ursu
info@omniscriptum.com

Printed at: see last page
ISBN: 978-620-8-36991-0

Anotação

Conteúdo

O trabalho é dedicado ao desenvolvimento de tecnologia para a produção de novas estruturas de fitas jacquard. A conceção da máquina por computador provoca principalmente a expansão da gama de produtos produzidos e um armazenamento mais conveniente da informação e do padrão de tecelagem, e o artista-designer pode, no monitor, sem elaborar amostras, aplicar uma abordagem de multivariação à produção deste padrão, aplicar diferentes combinações de tons e tecelagens e transferir o programa para o disco de computador que controla a máquina jacquard eletrónica, o que exigiria muito tempo e grandes custos de material no desenvolvimento do padrão da forma clássica. Foram desenvolvidas fitas jacquard para dragonas, tendo em conta novas composições ornamentais e soluções cromáticas de acordo com os significados simbólicos entre elas. São propostos novos sistemas de codificação dos padrões das fitas jacquard, tendo em conta as tramas dos fios de base e de padrão, o tipo de máquina jacquard e a sequência das tramas utilizadas. Desenvolve-se a sequência tecnológica da conceção, preparação e produção de fitas jacquard para fins especiais, especifica-se o método de fixação dos fios de trama com motivos flácidos no avesso da fita e de reforço do efeito de relevo na parte da frente da fita jacquard. É conveniente produzir fitas jacquard para fins especiais com base em matérias-primas locais (seda natural), uma vez que este tipo de matérias-primas está disponível na quantidade e preço necessários e tem propriedades ergonómicas. Obtém-se a fórmula de processamento da trama para tecidos jacquard de duas tramas com uma grande relação de padrões. A densidade de enchimento na base, a largura e o número de extremidades no enchimento aquando da produção de fitas jacquard são fundamentados. Investiga-se o processo tecnológico de produção de fitas jacquard no tear através do método matemático de planeamento rotativo da experiência de segunda ordem. A interpretação geométrica do modelo matemático é estudada por meio de cortes.

Foram determinados os parâmetros tecnológicos óptimos da produção de fitas jacquard. O nível de rutura do fio de urdidura é de 0,05 rupturas por 1 m de tecido a uma tensão de urdidura de 20 cN, o valor da pontuação-15 mm, a posição do couro cabeludo acima do esterno em 25 mm. No sortido de fitas de tecido jacquard, os parâmetros prioritários são a aparência, o conforto, a respirabilidade, a ausência de ranhuras, a carga de rutura e a resistência ao processamento húmido. Em termos de propriedades físico-mecânicas e higiénicas, as novas amostras de fitas jacquard cumprem os requisitos das normas republicanas e europeias para o grupo de fitas jacquard para fins especiais.

Palavras-chave: fio, urdidura, trama, tecido, relação, tecelagem, parâmetros, *jacquard, desint, trabalho, densidade, respirabilidade, propriedades, tensão, padrão.*

CARACTERIZAÇÃO GERAL DO TRABALHO

Analisando as fontes literárias dedicadas aos atributos militares, ao sistema de conceção de tecidos assistida por computador, às técnicas e à tecnologia da tecelagem jacquard, verifica-se que muitos investigadores nacionais e estrangeiros se dedicaram a este tema. Estes investigadores fornecem a solução para uma série de problemas relacionados com a tecnologia de conceção e produção de tecelagem jacquard, aplicação de elementos CAD, programação e modelação no processo de produção, etc. Ao mesmo tempo, não havia investigações cientificamente fundamentadas destinadas ao desenvolvimento da conceção e da tecnologia de produção de fitas jacquard para fins especiais, tendo em conta as caraterísticas específicas e as tradições nacionais em matéria de ornamentação e simbolismo. Por conseguinte, os trabalhos de investigação no sentido do desenvolvimento da tecnologia de produção de novas estruturas de fitas jacquard de finalidade especial para estruturas em bruto da República do Usbequistão, tendo em conta a utilização de ornamentos nacionais, é uma das tarefas actuais da indústria têxtil.

Objetivo da investigação. O objetivo do presente trabalho é fundamentar o conceito sobre o desenvolvimento dos atributos militares das Forças Armadas da República da Coreia e desenvolver o design e a tecnologia de produção de fitas jacquard para fins especiais.

Objectivos do estudo:

-Desenvolver um sistema de conceção e de conceção automática (CAD) para a produção de parafernália para os serviços de aplicação da lei;

- justificar os parâmetros tecnológicos e o processo de produção de fitas jacquard para fins especiais;
- para melhorar o cálculo teórico da tecelagem de trama em relevo para tecidos jacquard de dois fios;
- determinar o consumo e as propriedades físicas e mecânicas das fitas jacquard para fins especiais.

Objeto e tema da investigação. Atributos das Forças Armadas da RU (dragonas), fitas jacquard, metodologia da sua conceção e tecnologia da sua produção.

Métodos de investigação. Para resolver as tarefas definidas no trabalho, utilizámos métodos de conceção de tecidos jacquard com a ajuda de computadores, métodos de estatística matemática e planeamento de experiências, métodos de investigação de propriedades tecnológicas e de consumo de fitas jacquard.

Principais argumentos apresentados para a defesa:

- justificação e recomendação de marcas de distinção das estruturas de poder da EF;

- desenvolvimento de parafernália militar (dragonas) para as Forças Armadas da RU;
- Proposta de um novo sistema de codificação para os tecidos jacquard e de um programa de introdução das tranças num complexo jacquard;
- desenvolvimento do cálculo analítico da tecelagem de trama em relevo para tecidos jacquard de dois pontos com grande relação de trama;
- Uma nova tecnologia para a conceção e produção de fitas jacquard;
- Recomendação de parâmetros tecnológicos óptimos para a produção de fitas jacquard num tear de fitas;
- determinação das propriedades físicas, mecânicas e de consumo das fitas jacquard (alças).

Novidade científica:

- as marcas de distinção das estruturas de poder da EF foram fundamentadas e propostas;
- foram desenvolvidos atributos militares das Forças Armadas da RU (pedidos de patente n.º SAP 00570, n.º SAP 00571, n.º SAP 00591, n.º SAP 00491);
- Pela primeira vez, foram propostos um novo sistema de codificação e um programa para a introdução de tranças num complexo Jacquard;
- Recomenda-se a fórmula teórica do processamento da trama em relevo para tecidos jacquard de malha dupla com grande relação de trama;
- foram determinados os parâmetros tecnológicos óptimos da produção de fitas jacquard;
- As propriedades de consumo e físico-mecânicas das fitas jacquard foram investigadas e determinadas;
- O método de fixação dos fios com padrão de trama flácida no lado errado da fita jacquard e de obtenção do efeito de relevo na parte da frente da fita jacquard é melhorado.

Valor prático do trabalho. São desenvolvidas e implementadas amostras de fitas com atributos VS. A possibilidade de produção de fitas jacquard com um determinado padrão e combinação de tecelagem com a ajuda de modelação computorizada é comprovada. A utilização desta tecnologia reduz o tempo de processamento do padrão, o que aumenta a produtividade do trabalho. Além disso, a metodologia de conceção e cálculo de fitas jacquard é aplicada no processo educativo aquando do estudo da conceção e estrutura de tecidos na disciplina "TZLU" no departamento "Tecnologia de materiais têxteis".

- **duplicação de resultados.** Sobre o tema do trabalho foram publicados 5 artigos científicos nas revistas da República do Uzbequistão. Foram obtidas 4 patentes de invenções (patentes n.º SAP 00570, n.º SAP 00571, n.º SAP 00591, n.º SAP 00491).

Conteúdo do trabalho

A introdução fundamenta a relevância do tema, formula a finalidade e os objectivos do estudo, mostra a novidade científica e o significado prático, a metodologia de investigação.

O primeiro capítulo apresenta uma revisão das fontes bibliográficas dedicadas à origem e à essência da parafernália militar, às questões da conceção automática e da estrutura dos tecidos e ao desenvolvimento da técnica e da tecnologia de tecelagem. A parafernália militar é um complexo de sinais distintivos destinados a manifestar as especificidades das unidades militares e das especialidades militares, a estrutura hierárquica do exército, a sua filiação estatal, os méritos históricos e as tradições de determinadas formações. Além disso, a parafernália militar inclui uma representação visual do conceito político-militar estratégico do Estado. O desenvolvimento da tecnologia e a conceção de atributos para as Forças Armadas da República do Uzbequistão é um aspeto necessário a ter em conta no desenvolvimento do sistema de conceitos semióticos "história e modernidade". A semiótica, que é a teoria dos signos e dos sistemas de signos, define um signo como um sinal material (acústico ou visual) que contém informação codificada e denota a denotação: isto é, um conjunto de caraterísticas essenciais e distintivas de um conceito ou objeto. Os signos-símbolos são sinais ideográficos construídos artificialmente que transportam informação concetual. Estão em ligação associativa com o objeto, com base numa espécie de acordo social. Estes signos têm a capacidade de transmitir, de forma generalizada e abstrata, todo um sistema de conceitos, e o seu volume semântico excede frequentemente o volume semântico da palavra - a unidade léxico-semântica de base da língua. Tudo isto testemunha o potencial único do simbolismo e indica a necessidade de um trabalho cuidadoso e refletido na sua utilização. Sob o reinado de Amir Temur, os motivos ornamentais foram amplamente utilizados - cartelas, vários tipos de sinais, ou seja, "nós de felicidade", podemos supor que a imagem do brasão de Amir Temur era a tamga do cã hulaguid Argun. No entanto, sob a sua égide, esta tamga tinha um carácter local, enquanto Amir Temur lhe atribuiu um significado estatal, provavelmente para sublinhar assim a ligação com os Gengisidas, aos quais atribuía especial importância. É sabido que o círculo era uma espécie de proteção contra as forças malignas e impuras, e três círculos formavam uma figura mais estável - a sua oposição. Não devemos esquecer que o círculo encarna o reflexo do símbolo solar. A semântica do brasão de Amir Temur contém uma multifuncionalidade do seu conteúdo, na qual, para além da interpretação de Clavijo, poderiam figurar definições puramente pagãs. Este facto não é de estranhar, uma vez que a esmagadora maioria da população de

Maveraunnahr era, na altura, muçulmana, entre a qual se conservavam, em grande medida, os vestígios de crenças pagãs. O simbolismo da cor nos objectos da parafernália militar pode basear-se nos significados semânticos e simbólicos tradicionais da Ásia Central: azul - a cor da Eternidade; azul - um sinal de transição para o caminho da verdadeira Fé (no Sufismo); verde - a cor da verdadeira Fé plena; vermelho - a cor do conhecimento; preto - nos povos turcos da antiguidade denotava Grandeza, Poder e Força. Existe uma opinião profundamente errónea segundo a qual as dragonas, enquanto elemento do uniforme militar, terão tido a sua origem nas míticas ombreiras de metal que protegiam os ombros do guerreiro dos golpes de sabre. No entanto, trata-se apenas de uma bela lenda, que não tem qualquer fundamento sério. O pogony só apareceu nas roupas militares russas com a criação do exército regular pelo czar Pedro I, entre 1683 e 1699, como um elemento puramente prático do vestuário. A sua função era evitar que as alças do saco de granadeiro dos granadeiros pesados escorregassem do ombro. É por isso que o seu aspeto é o seguinte: uma aba de tecido com a parte inferior cosida na costura do ombro da manga e com uma abertura para um botão na parte superior. O botão era cosido no ombro do caftan, mais próximo da gola. A dragona era inicialmente colocada no ombro esquerdo. Os méritos da dragona foram rapidamente apreciados, aparecendo no vestuário dos fusileiros, dos mosqueteiros, em suma, de todos aqueles que tinham de transportar sacos de vários tipos. A cor da dragona era vermelha para todos. É fácil notar nas imagens da época que as dragonas estão ausentes nos ombros de todos os oficiais, cavaleiros, artilheiros, sapadores. Mais tarde, a dragona, consoante as necessidades da época, foi deslocada para o ombro direito, depois para o esquerdo, ou desapareceu completamente. Muito rapidamente, este elemento muito visível do uniforme começou a ser utilizado como elemento decorativo do vestuário. As dragonas foram utilizadas como meio de distinguir os militares de um regimento dos militares de outro regimento a partir de 1762, quando cada regimento foi equipado com dragonas de trama diferente a partir de um cordão de garus, ou seja, só a partir dessa altura as dragonas começaram a cumprir a segunda tarefa funcional. Simultaneamente, procurou-se fazer das dragonas um meio de distinção entre soldados e oficiais, pelo que as dragonas eram tecidas de forma diferente para oficiais e soldados do mesmo regimento. A extremidade inferior da dragona tinha pontas pendentes, o que a tornava semelhante a uma dragona. Esta circunstância, em várias edições modernas, leva os autores a afirmar erradamente que se trata de uma dragona. No entanto, a conceção da dragona é bastante diferente. Os tipos de tecelagem das dragonas eram tão numerosos (cada comandante de regimento determinava ele próprio o tipo de tecelagem das dragonas) que era impossível memorizar o tipo de dragonas por regimento e distinguir um oficial de um soldado. O Imperador Paulo I devolve as dragonas a um objetivo puramente prático - segurar a alça da bolsa ao ombro. Mais uma vez, a dragona desaparece dos uniformes dos oficiais e dos oficiais subalternos. No entanto, os oficiais e os generais têm uma axelbant no ombro direito, cuja parte superior se assemelha muito a uma dragona garosa. A segunda tentativa de fazer das dragonas um meio de distinguir os oficiais dos soldados foi efectuada pelo imperador

Alexandre I, quando, em 1802, durante a transição para o uniforme de casaca, foram introduzidas dragonas de tecido de forma pentagonal. Os soldados recebiam dragonas em ambos os ombros, os suboficiais no ombro direito (desde 1803 em ambos os ombros), os oficiais no ombro esquerdo (a axelbant no ombro direito mantém-se). As cores das dragonas foram fixadas de acordo com a antiguidade dos regimentos, pela seguinte ordem: vermelho; branco; amarelo; carmesim claro; turquesa; rosa; verde claro; cinzento; púrpura; azul. A partir de 1807, a cor das dragonas foi fixada de acordo com o número do regimento na divisão: dragonas vermelhas do 1.º regimento, brancas do 2.º regimento, amarelas do 3.º regimento, verdes escuras com rebordo vermelho do 4.º regimento, azuis claras do 5. A partir de 1809, todos os regimentos da Guarda receberam dragonas escarlates sem cifra. Desde 1807, nas dragonas dos regimentos do exército, o cordão amarelo ou vermelho nas dragonas indica o número da divisão a que o regimento pertence (cifra). Os soldados e os suboficiais tinham exatamente as mesmas dragonas. As dragonas dos oficiais tinham a mesma cor que as dos soldados de um determinado regimento, mas eram forradas em todos os lados com galões dourados. No entanto, em 1807, as dragonas foram substituídas por uma única dragona e, a partir de 1809, os oficiais passaram a usar dragonas em ambos os ombros. As dragonas desapareceram dos uniformes dos oficiais até 1854. Continuam a ser um acessório exclusivo dos uniformes dos soldados e dos oficiais subalternos.

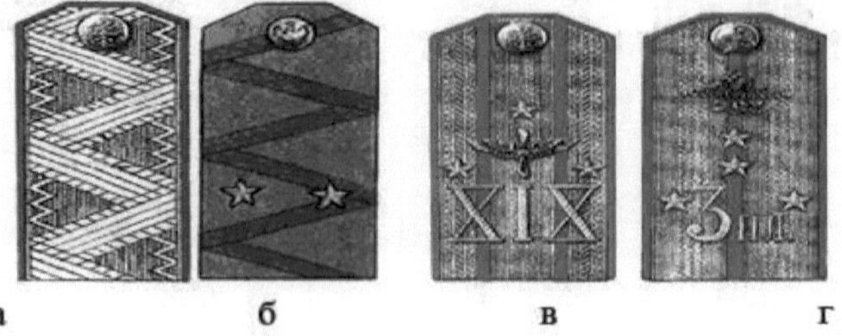

а б в г

Fig. 1. Amostras de dragonas do exército czarista russo, a- dragonas de um tenente-coronel da unidade de aviação do 19.º Corpo de Exército, b- dragonas de um piloto militar, capitão da 3.ª unidade de aviação de campanha, c- dragonas de um general de engenharia, d- dragonas de um major-general das tropas de engenharia.

Até 1843, as dragonas tinham duas funções. Em primeiro lugar, para manter as alças da mochila nos ombros; em segundo lugar, as dragonas tornavam-se um fator determinante da pertença de um soldado a uma determinada divisão (pelo número nas dragonas) e a um determinado regimento (pela cor das dragonas). A partir de 1814, todos os regimentos de granadeiros de todas as divisões tinham dragonas amarelas, e os restantes regimentos das divisões: dragonas vermelhas do 1.º regimento, brancas do 2.º, azuis claras do 3.º, verdes escuras do 4. Mais tarde, as cores e as cifras das dragonas seriam alteradas várias vezes (Fig.1). Em 1843, as dragonas receberam pela primeira vez a função de determinar as patentes dos oficiais subalternos. Nelas aparecem manchas transversais que indicam a patente. Os regimentos de infantaria, de jagunços e de marinha recebem uma mancha de bason branco (entrançado); os regimentos de granadeiros e de mosquetões recebem uma mancha de bason branco com um fio vermelho a meio da mancha. Os oficiais da nobreza de todos os regimentos receberam emblemas de galões de ouro. Ao mesmo tempo, os junkers e os portupey-junkers recebiam uma dragona coberta de galões de ouro. No entanto, a mesma dragona era dada aos subportadores e aos portupei-portadores. Os febelos de campo tinham um largo galão de ouro. As dragonas, que não estavam presentes nos uniformes dos oficiais desde 1807, regressaram em 1854 com uma nova função. Em 1854, as dragonas passam pela primeira vez a ter a função de determinar as patentes de oficial e de general. Nesta altura, os oficiais e os generais recebem uma nova sobrecasaca e dragonas de galão. A dragona era do modelo do soldado (da cor da dragona atribuída ao regimento), sobre a qual eram cosidas longitudinalmente duas tiras de galão de um modelo especial para os oficiais-chefes, de modo a que houvesse um intervalo de 4-5 mm entre as tiras. Nas dragonas dos oficiais de estado-maior era cosida uma tira de galão larga e duas tiras de galão mais estreitas, com um intervalo entre elas. O galão podia ser prateado ou dourado (de acordo com a cor do metal instrumental atribuído ao regimento). Na dragona do general era cosida uma tira de galão dourado larga com um padrão em ziguezague. O tamanho das estrelas de todos os oficiais e generais era o mesmo. As patentes dos oficiais e generais eram distinguidas da seguinte forma. Um lúmen: alferes - 1 asterisco, tenente - 2 asteriscos, tenente - 3 asteriscos, estado-maior - 4 asteriscos, capitão - sem asteriscos. Dois lúmenes: major - 2 estrelas, tenente-coronel - 3 estrelas, coronel - sem estrelas. Dragonas de general: major-general - 2 asteriscos, tenente-general - 3 asteriscos, general de infantaria (o chamado "general completo") - sem asteriscos, general - marechal-de-campo - com asteriscos cruzados. No período de 1917 a 1943, as dragonas do Exército Vermelho foram abolidas. A partir de 1943, as dragonas foram introduzidas como insígnias de patente, que existirão até ao fim do Exército Vermelho (soviético), em 1991-1993. As cores das dragonas e a forma de disposição das estrelas mudam, mas o sistema de distinção dos militares por patentes mantém-se inalterado. Na jovem República independente do Usbequistão, são introduzidas novas dragonas no início do século XXI, que apresentam diferenças significativas em relação às anteriores, tendo em conta as tradições nacionais em matéria de atributos. Em primeiro lugar, a forma e o fundo das dragonas, o tamanho e a forma das estrelas, etc., são alterados. A base de qualquer dragona é uma fita tecida. A fita pode ser decorada das seguintes formas: desenho na fita por impressão; desenho na fita por costura; desenho na fita por tecelagem de um grupo de fios (remise); desenho na fita por tecelagem de um único fio (jacquard). A variedade de padrões e a conceção artística das dragonas revelam-se especialmente quando se utilizam fitas jacquard. Qualquer tecelagem é um conjunto bidimensional de sobreposições de fios principais e de trama e é representada graficamente. Esta forma de representar as tranças já existe há muito tempo e é, por um lado, suficientemente ilustrativa e, por outro, pode ser utilizada para determinar parâmetros importantes da tecnologia de tecelagem (por exemplo, as tramas no tear). No entanto, este método não é conveniente para a comunicação oral de informações, uma vez que demora muito tempo a representar a trama, pelo que é necessária uma designação abreviada da trama. Por exemplo, a designação sarja 1/3, cetim 5/2, etc. mostra a tecelagem de um fio, e a forma como os outros fios são tecidos está implícita no nome da tecelagem. No nosso caso, a sarja significa um cisalhamento constante igual a um e o cetim igual a dois. Também se utiliza outro sistema, em que a quantidade de deslocamento é indicada e a tecelagem do primeiro fio está oculta em índices e no número de equações, por exemplo: yd=x; ys 2x; etc. Hoje em dia, os métodos de controlo automatizado das técnicas e tecnologias e o desenho de tecidos (CAD) têm tido uma ampla aplicação. Na criação de CAD de tecido para catálogos automatizados de tecelagens, automatização de imagens de tecelagens, necessária na elaboração de diferentes séries de documentação, no final, introdução destes parâmetros na memória do computador. Propomos um sistema de designação de tramas orientado para a utilização de computadores para representar uma trama por uma matriz bidimensional, na qual o algarismo 1 denota a sobreposição principal e o 0 denota a sobreposição exacta. Numa imagem deste tipo, o resultado da multiplicação da matriz de perfuração pela matriz de tecelagem representa a

matriz de cartão. A introdução direta sob a forma de uma matriz de uns e zeros é impraticável porque requer a preparação manual do padrão de tecelagem e consome muito tempo. É por isso que, hoje em dia, são utilizados vários métodos para guardar a introdução da trama de forma compreensível para o utilizador e numa forma conveniente para praticar na máquina.
COMPUTADOR. Com a utilização de um computador, foi criado um sistema de elaboração de diferentes tramas em tecidos de acordo com um único padrão de enfiamento na remissão. Os tecidos do mesmo artigo, mas com padrões diferentes, podem ser produzidos de acordo com um único padrão de enfiamento. Neste caso, a utilização de um computador permite calcular, para a produção de vários padrões de tecelagem, o enfiamento de uma única teia no remise e, assim, substituir, em alguns casos, a operação de enfiar a teia pela operação de atar a teia. Para a descrição matemática do problema do cálculo dos pontos de urdidura simples e dos algoritmos da sua solução, propõe-se a utilização do aparelho da teoria das relações e da variante enumerada do método dos ramos e limites. Os algoritmos para o cálculo de pontos de urdidura simples foram implementados sob a forma de um pacote de programas aplicados. O sistema "Autodessinator" foi criado com base no computador, o que permite conceber padrões de tecelagem de crepe para a produção de tecidos em teares com mecanismos excêntricos e de queda de dobby. Parâmetros que determinam a estrutura do tecido: composição das matérias-primas selecionadas tendo em conta a finalidade do tecido e os requisitos que lhes são aplicáveis; diâmetros dos fios de teia e de trama e respectivas proporções, em que um aumento do diâmetro do fio de um determinado sistema aumenta a carga de rutura e o alongamento do tecido desse sistema; densidades da teia e da trama e respectivas proporções, em que uma alteração da densidade do tecido de um sistema de fios provoca uma alteração dos parâmetros tecnológicos da estrutura e das propriedades do tecido; avaliação da tensão de produção do tecido no tear, que é caraterística do processo de tecelagem. As tecelagens com o menor número de sobreposições têm uma carga de rutura e um trabalho de fio mais elevado no tecido, e a tecelagem é acompanhada por uma tensão mais elevada no tear; parâmetros tecnológicos, que devem incluir a tensão da teia e da trama e os seus rácios, a quantidade de sobrepasso, o tamanho e a localização do galpão. Estes parâmetros alteram a disposição dos fios no tecido e, por conseguinte, a estrutura do tecido, nomeadamente o trabalho dos fios no tecido. Deve notar-se que os trabalhos se centram principalmente no desenvolvimento de CAD de tecidos de camada única principal e de tecidos combinados de fórmulas e de mão de obra construídos com base no modelo geométrico de tecidos de camada única. Os tecidos Jacquard são os melhores em termos de design artístico,

propriedades estéticas e variedade de sortido. No entanto, são necessários cerca de três meses de trabalho manual para produzir um modelo simples, para apadrinhar e fazer cartões para uma máquina de jacquard. A redução do tempo é possível através da seguinte combinação: utilização de tecidos CAD; produção de cartões jacquard diretamente a partir de modelos; utilização de uma máquina jacquard moderna controlada eletronicamente. Os teares modernos podem poupar energia, reduzir a poluição ambiental, aumentar o grau de automatização da produção, operar a máquina com grande facilidade e simplicidade e utilizar software melhor e mais moderno para produzir tecidos jacquard. Entre estas incluem-se as máquinas Jacquard de "Jakob Muller" (Suíça), "Bonas" (Grã-Bretanha), "OMM" (Itália), "Macheba" (Alemanha) com controlo eletrónico e programação eletrónica de padrões. A aplicação do controlo eletrónico e do desenho assistido por computador na tecelagem jacquard deve-se à mobilidade da renovação do sortido, à eliminação de mão de obra improdutiva na criação de um modelo e na sua transferência para a máquina, à eliminação de um grande volume de cartões de papel, à redução do consumo de matérias-primas ao encher novamente o modelo e à garantia de uma elevada qualidade dos tecidos. Em resumo, deve referir-se que: na fase atual, o desenvolvimento de artigos de parafernália militar (dragonas, divisas, etc.) para as Forças Armadas da República do Usbequistão, tendo em conta as tradições nacionais em matéria de ornamentação e simbolismo, é uma das tarefas mais importantes na esfera política da República independente do Usbequistão; o desenvolvimento da tecnologia e da conceção de parafernália para as Forças Armadas da República do Usbequistão é um aspeto necessário no qual é necessário ter em conta os conceitos semânticos "História - modernidade"; os trabalhos visam principalmente o desenvolvimento de CAD de tecidos com o mesmo nome.

No segundo capítulo apresenta-se a conceção e o desenho dos atributos das estruturas de poder, justificam-se os elementos dos atributos das estruturas de poder, a modelação e o desenho dos atributos por meio da computação gráfica, o software do sistema de construção de tramas de tecelagem, o desenho informático dos atributos das estruturas de poder, desenvolve-se um novo esboço de fitas jacquard de finalidade especial. Os atributos têm acompanhado o desenvolvimento da civilização desde a antiguidade. Atributo vem da palavra latina attribution e significa "dar, dotar". Nas belas-artes, um atributo é entendido como uma caraterística inerente e materialmente distintiva de uma divindade ou de um herói. Pode ser uma imagem alegórica ou simbólica, de que são exemplos, por exemplo, uma vara (atributo de Hércules) ou uma balança e uma venda (atributo da deusa da Justiça). Os atributos são uma das expressões da experiência imperial e filosófica das gerações anteriores e mantiveram a sua relevância até aos nossos dias. Uma das tarefas ideológicas que o nosso jovem Estado independente enfrenta é o desenvolvimento de um novo conceito de atributos para as estruturas de poder da República do Uzbequistão. Nem todas as pesquisas realizadas neste domínio nos últimos anos foram bem sucedidas: há exemplos de concretização bem sucedida de ideias interessantes, mas há também muitos desenvolvimentos que testemunham as considerações oportunistas dos autores e o seu pouco profissionalismo. Para um especialista que pretenda trabalhar seriamente no domínio da criação de atributos, é necessário conhecer as razões da utilização tradicional dos motivos ornamentais mais comuns. A semiótica, que é a teoria dos signos e dos sistemas de signos, define o signo como um sinal material (acústico ou visual) que contém informações codificadas e denota a denotação: ou seja, um conjunto de caraterísticas essenciais e distintivas de um conceito ou de um objeto. Desde a Antiguidade, o carvalho, caracterizado pela sua força e longevidade, é identificado por todos os povos com os conceitos de força, poder e inflexibilidade. O loureiro é a personificação da determinação e da coragem, graças às quais eram atribuídas coroas de louros aos vencedores que demonstravam estas qualidades em vários domínios da atividade humana: ciência, desporto, arte militar, poesia, etc. A azeitona é um equivalente simbólico da sabedoria e da tranquilidade, o que é confirmado pela menção deste símbolo nos textos religiosos canónicos, bem como nos mitos e lendas de vários povos. Os signos-símbolos são sinais ideográficos construídos artificialmente que transportam informação concetual. Estão em ligação associativa com o objeto com base num acordo social peculiar. Estes signos têm a capacidade de transmitir de forma generalizada e abstrata todo um sistema de conceitos e o seu volume semântico excede frequentemente o volume semântico da palavra - a unidade léxico-semântica básica da língua. Tudo isto testemunha o potencial único do simbolismo e indica a necessidade de um trabalho cuidadoso e refletido na sua utilização. A classe de signos mitopoéticos idênticos na sua forma a elementos geométricos é de certo interesse neste sentido. Antigamente eram muito utilizados nas esferas mitológica e religiosa, e atualmente são utilizados em atributos, simbolismo e emblemática. São atractivos porque proporcionam estabilidade, precisão e concisão de modelação devido à sua relativa simplicidade geométrica: esfera, cone, pirâmide, quadrado, losango, combinação de linhas rectas, curvas e quebradas. Os códigos semânticos criados pela aplicação destes elementos fornecem uma representação simbólica adequada de objectos reais, conceitos e outras informações latentes (ocultas). Um símbolo geométrico sempre representou a estrutura do cosmos nos seus aspectos horizontal e vertical (em contraste com o caos sem estrutura, que nunca foi descrito com a ajuda de símbolos geométricos). Estes símbolos estão na base da organização do espaço ritual e são também facilmente estabelecidos nas formas dos objectos sacralizados. Hoje em dia, as linhas geométricas mais utilizadas são a linha reta ou quebrada, vários tipos de curvas regulares: espiral, moeda correlacionada no simbolismo religioso e mitológico com o trovão, o relâmpago, a terra, a água e semelhantes (Fig. 2.1. a). Um exemplo de um símbolo muito difundido deste tipo é o meandro, nome original de um rio da Ásia Menor. Segundo o mito, este rio, caracterizado pelos seus meandros e representando uma linha contínua quebrada por ângulos rectos, secou quando o carro de Phaeton se aproximou da Terra (Fig. 2.1. b). Este símbolo denota o conceito de início e fim, bem como o conceito de eternidade. Na China antiga, o meandro simbolizava a reencarnação e o trovão, na Grécia antiga simbolizava o labirinto do lendário rei Minos. No Oriente, a ideia do meandro recebeu a sua própria interpretação: foi utilizado no ornamento da madrasa Kalan, usado como ornamento de fundo no vestuário masculino, foi um elemento de decoração de diferentes tipos de armas e acabou por se tornar uma das formas típicas de ornamento. De entre os símbolos geométricos, que incluem o círculo, o quadrado, a mandala, a cruz e a suástica, as imagens simbólicas dos polígonos "regulares" merecem uma atenção especial: o triângulo, em vários contextos mitológicos, simboliza o poder frutífero da terra, o casamento, a unidade, a segurança, bem como as tríades conceptuais "vida - morte - renascimento", "corpo - mente - alma". Três triângulos ligados entre si são o símbolo do Absoluto, o símbolo pitagórico da saúde, bem como o emblema maçónico (Fig.2.1c). A imagem de um triângulo dentro de um quadrado simboliza a ligação entre o divino e o humano, o celeste e o terrestre. Dois triângulos que se intersectam simbolizam a divindade, a união do fogo e da água, a vitória do espírito sobre a matéria. A imagem simbólica de um quadrado, partindo de qualidades geométricas como o número quatro, a igualdade absoluta, a simplicidade, a ordem e a retidão, após metamorfose heráldica e atributiva, passa a designar conceitos de retidão, verdade, justiça, sabedoria e honra (fig. 2.1.d). O quadrado e o círculo que lhe está associado podem simbolizar o plano horizontal da árvore do mundo. Os cantos e os centros dos lados que denotam quatro ou oito direcções principais de uma ideia têm um significado especial. Nestes pontos encontram-se divindades, árvores personificando os lados da luz, dos ventos e dos elementos básicos, cósmicos e elementares (Fig. 2.1.e). Os esquemas aztecas inscritos num quadrado, cujos elementos estão correlacionados com um círculo especial, servem como exemplo de modelação do mundo. O esquema quadrado (retangular) ou octogonal incorpora o sistema de classificação das oposições binárias que descrevem o mundo: cima - baixo, direita - esquerda, bem - mal, etc., bem como a ideia dos elementos básicos do mundo: fogo, água, terra, ar. A estrutura quadrada é utilizada não só para designar as propriedades espaciais do universo (lados do mundo, direcções, centro), mas também simboliza as coordenadas temporais básicas: quatro partes do dia, quatro estações, quatro idades do mundo, quatro idades humanas, etc. Um dos símbolos mitopoéticos mais difundidos e presentes nos atributos militares modernos é o quadrado ou o seu duplo sinal - o octógono. É difícil dizer algo sem ambiguidade sobre a semântica do octógono, uma vez que existe um número considerável de interpretações diferentes. Segundo uma delas, o octógono, na ornamentação arquitetónica, simboliza uma mandala. Este é um dos principais símbolos sacrais da mitologia budista, designando um país, uma sociedade, um agregado, uma assembleia, um espaço, uma órbita, um anel, uma roda, etc. A mandala pertence ao número de signos geométricos de estrutura complexa. O esquema mais caraterístico de uma mandala é um círculo exterior com um quadrado inscrito nele. Neste quadrado está inscrito o círculo interior, cuja periferia é geralmente representada como um lótus de oito pétalas, ou oito segmentos. O quadrado está orientado para os lados do mundo. No centro de cada um dos lados do quadrado existem portas em forma de T, que continuam no exterior do quadrado com imagens cruciformes. No centro do círculo interior está representado um objeto sacro de veneração - uma divindade, o seu atributo ou símbolo (Fig. 2.1.e). Pentágono - um pentágono regular em forma de estrela simboliza a eternidade, a perfeição, o universo. Para os muçulmanos, é uma combinação de uma estrela e de um mês; para os astecas, é um emblema de Thoth, Quetzalcoatl, Mercúrio; para os cristãos, é um símbolo das cinco chagas de Jesus Cristo; para os índios americanos, o pentágono é um sinal totémico. Na bacia da zona inter-asiática central, o círculo, o losango e a cruz serviam de símbolos ou atributos de divindades solares. São frequentemente encontrados como símbolos da natureza em combinação com imagens de animais, aves, "árvore da vida". Por vezes, o símbolo do sol assemelhava-se a uma roda com raios e "tampas" na borda. A semelhança do Sol com uma roda remonta aos mitos cosmogónicos, que identificavam o círculo com o disco solar. O centro da roda é um ponto incomensurável, o aro é um círculo incomensurável; o espaço interior da roda contém o bem e o mal, a vida e a morte, a luz e as trevas, etc. (Fig. 2.1.g). No equipamento militar do exército de Amir Timur, o signo solar era frequentemente encontrado. Pode ser encontrado no plexo solar^ na armadura, nos toucados. Os símbolos geométricos tornam-se frequentemente um elemento da forma artística. Os símbolos e os signos formam uma camada significativa de meios mitopoéticos, cuja utilização criativa permite influenciar o psiquismo através da modelação de novas situações. Esta propriedade explica a atração dos símbolos e dos signos para criar emblemas e parafernálias, capazes de influenciar o subconsciente humano. As imagens totémicas também pertencem à esfera dos atributos. A palavra "totem" na língua dos índios Ojibwe significa "seu clã". O totemismo foi muito utilizado na época do matriarcado primitivo, era caraterístico das culturas agrícolas, na época do patriarcado os totens eram utilizados pelos xamãs e também eram elementos do culto dos antepassados. O aparecimento dos totens explica-se pela crença na ligação sobrenatural entre os seres humanos e os animais e plantas. A atribuição de qualidades sobrenaturais a vários animais era caraterística de religiões como o zoroastrismo e o budismo, que procuravam explicar desta forma as manifestações do poder da natureza e outros factores que afectam a vida humana. Na região da Ásia Central, as imagens do touro, do cavalo, do veado, do camelo, do carneiro, da cabra e do javali, que personificavam as forças da natureza e do cosmos, foram outrora muito utilizadas. No anverso e, por vezes, no reverso das moedas de prata e de cobre de Amir Timur, de todas as denominações, era colocado um sinal de três anéis, em diferentes composições: com um anel em cima e dois em baixo ou vice-versa - com dois anéis em cima e um em baixo. Estes anéis eram encerrados num triângulo e, noutras cidades (Yazd, Kumm), num círculo. A este sinal Clavijo chamou brasão de Amir Timur. O brasão de Timurbek tem três círculos, o que significa que ele é o rei de três partes do mundo (Fig. 2.1.h).

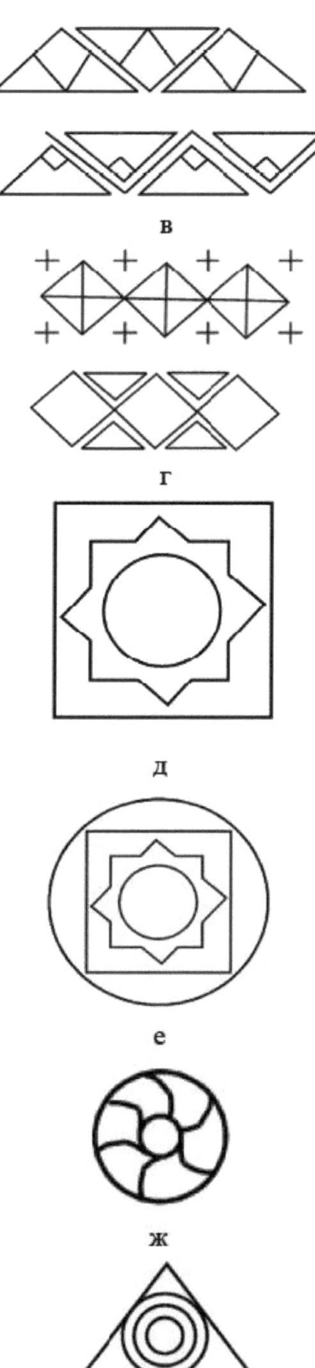
в
г
д
е
ж

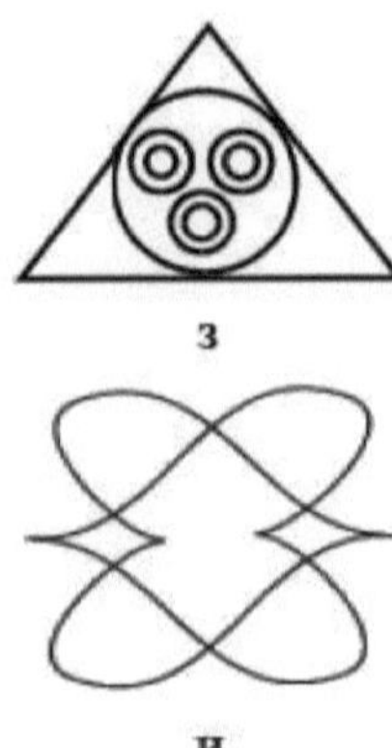

Figura 2.1. Simbolismo nos atributos da WARU.

Sob Amir Timur, os motivos ornamentais foram amplamente utilizados - cartelas, vários sinais, ou seja, "nós de felicidade" (Fig. 2.1.i), podemos supor que o modelo para o brasão de Amir Timur foi a tamga Hulagenta de Argun Khan. No entanto, sob a sua égide, esta tamga tinha um carácter local, enquanto Amir Timur lhe atribuiu um significado estatal, provavelmente para sublinhar assim a ligação com os Gengisidas, aos quais atribuía especial importância. É sabido que o círculo era uma espécie de proteção contra as forças malignas e impuras, e três círculos formavam uma figura mais estável - a sua oposição. Não devemos esquecer que o círculo encarna o reflexo do símbolo solar. A semântica do brasão de Amir Timur contém uma multifuncionalidade do seu conteúdo, na qual, para além da interpretação de Clavijo, poderiam figurar definições puramente pagãs. Este facto não é de estranhar, uma vez que a esmagadora maioria da população de Maveraunnahr era, na altura, muçulmana, entre a qual se conservavam, em grande medida, os vestígios de crenças pagãs. O simbolismo da cor pode basear-se nos significados semânticos e simbólicos tradicionais da Ásia Central: azul - a cor da Eternidade, azul - um sinal de transição para o caminho da verdadeira Fé (no Sufismo), verde - a cor da Fé verdadeira e plena, vermelho - a cor do Conhecimento, preto - nos povos turcos da antiguidade denotava Grandeza, Poder e Força. Com base na nossa investigação, tendo em conta as tradições nacionais em matéria de ornamentação e simbolismo, utilizando o melhor que existia no passado, especialmente na era de Amir Temur, propomos novas estruturas de amostras - padrões de atributos das Forças Armadas, a tecnologia do seu desenvolvimento. A combinação competente de símbolos do mundo antigo e a habilidade dissenatorial moderna na implementação de tecnologia e design de atributos de estruturas de poder (dragonas, divisas, casas de botão, insígnias) das Forças Armadas da República do Uzbequistão destacará nossas vantagens discutíveis em relação a análogos estrangeiros. O termo "design" surgiu recentemente no nosso país. Antes disso, a conceção das coisas era designada por "construção artística" e a teoria da criação das coisas por "estética técnica". Na tradução do inglês, "design" significa desenho. A palavra também deu origem a conceitos industriais: "designer"- artista-designer, "design-form" - a forma externa do objeto e outros. Consideremos o design como a atividade do artista-construtor no domínio da conceção de produtos industriais de massa e da criação, nesta base, de um ambiente subjetivo. O valor de cada coisa tem dois princípios - utilidade e beleza. Em cada objeto há um início técnico e estético, sempre impermanente e historicamente mutável. A utilidade prática de uma coisa não necessita de explicação, mas acontece que a utilidade pode ser acompanhada por uma experiência estética. A utilização de computadores na investigação científica é uma condição prévia para o estudo de sistemas complexos. A metodologia tradicional da relação entre teoria e experiência deve ser completada pelos princípios da modelação informática. Este novo procedimento eficaz permite estudar holisticamente o comportamento dos sistemas mais complexos, tanto os naturais como os criados para testar hipóteses teóricas. Uma forma eficaz de ultrapassar as dificuldades de criação de amostras reais é a construção de um modelo computacional do fenómeno em estudo, entendido como um conjunto de métodos numéricos para a resolução das equações de base, algoritmos para a sua implementação e programas de computador. Um bom modelo computacional transforma o computador, de uma calculadora ultra-rápida, numa ferramenta intelectual que facilita a descoberta de novos efeitos, fenómenos e até a criação de novas teorias. A eficácia de um modelo informático é largamente determinada pela qualidade do software utilizado. Os principais requisitos do software são, evidentemente, a facilidade de introdução e a correção dos dados introduzidos, bem como a visualização (visibilidade) dos resultados do cálculo. Atualmente, existem tanto sistemas de programação especializados e potentes (MAPLE, SolidWorks, AutoCAD, etc.) como programas especiais nos quais são implementadas funcionalidades gráficas convenientes para o utilizador. A utilização de modelos informáticos transforma o computador numa instalação experimental universal. A experiência em computador permite o controlo total de todos os parâmetros do sistema, a experiência em computador é barata e segura, com a ajuda do computador é possível realizar experiências "fundamentalmente impossíveis" (processos geológicos, cosmologia, catástrofes ecológicas, etc.). O processo de modelação no AutoCAD Designer reduz-se ao facto de, em primeiro lugar, definir um perfil típico num plano e, em seguida, atribuir-lhe propriedades espaciais, tendo construído a chamada forma básica, e depois adicionar-lhe novos elementos de design e tecnológicos (padrão ou descritos por perfis típicos). A criação de perfis típicos de elementos formadores de formas no AutoCAD Designer tem lugar em duas fases (as acções realizadas são tão próximas quanto possível das operações levadas a cabo pelos designers na prática diária): primeiro, é construído um esboço concetual de um perfil no chamado plano de esboço, e depois são impostas relações geométricas aos seus elementos e são introduzidas dimensões paramétricas. Por defeito, ao criar uma forma básica, o plano XY do sistema de coordenadas do utilizador é utilizado como plano de esboço, mas os perfis de outros elementos de design podem ser definidos em planos diferentes do inicial. Neste caso, é necessário definir um novo plano de sketch utilizando o comando AMSKPLN (opção Sketch Plane no menu Parts, submenu Sketch ou a opção Sketch Plane no menu Parts, submenu Sketch). Para orientar o plano de esboço no espaço, pode utilizar tanto as faces do modelo existente como elementos de construção especiais não formadores de forma - planos de trabalho. Para além dos planos de trabalho no AutoCAD Designer para ligar elementos de forma durante a modelação, são também eficazes outros elementos estruturais não formais: eixo de trabalho e ponto de trabalho. O desenho assistido por computador permite não só criar, mas também melhorar um produto complexo, avaliá-lo e testá-lo não na empresa real, mas no ambiente de realidade virtual. Isto é especialmente relevante para complexos tecnológicos e técnicos caros, complexos e únicos. Também é importante a aparência dos produtos, as suas formas, caraterísticas - o design. O design é um novo domínio de aplicação da computação gráfica na indústria. Normalmente, o objetivo do desenvolvimento do design de um novo produto é escolher o conceito mais bem sucedido da aparência externa dos produtos a partir de uma variedade de opções e de uma análise visual detalhada do conceito selecionado. Se o design de um produto for efectuado com a ajuda de um computador, permite reduzir várias vezes o tempo de desenvolvimento do design e do ciclo geral de desenvolvimento (por exemplo, o lançamento no mercado de um produto tão complexo como um automóvel pode ocorrer um a dois anos mais cedo). Há também economias de custos significativas, uma vez que todos os aspectos da aparência são avaliados em modelos computorizados em vez de modelos à escala real. A parte de conceção do ciclo de produção global inclui: modelação concetual, ou seja, desenvolvimento preliminar de várias variantes do produto, resultando em "esboços tridimensionais"; criação de "desenhos" informáticos, que são projecções ortogonais do futuro produto (na conceção tradicional, esses desenhos poderiam ser o resultado final do trabalho); modelação propriamente dita: traçado de desenhos, ou seja, criação de objectos tridimensionais com a sua ajuda e, em seguida, construção de superfícies nesses objectos; avaliação da conceção do produto; criação de "desenhos" informáticos, que são projecções ortogonais do futuro produto (na conceção tradicional, esses desenhos poderiam ser o resultado final do trabalho). A modelação tridimensional é uma área de intersecção funcional entre um sistema de design e o CAD, mas o objetivo da modelação nestes sistemas é diferente. Para um desenhador, um modelo tridimensional é apenas uma construção preliminar, com base na qual são obtidas imagens fotográficas. Ao mesmo tempo, deve notar-se que o processo real de desenvolvimento de um novo produto ocorre no modo de estreita cooperação entre designers e tecnólogos e contém feedback, o que permite, na fase de desenvolvimento do design (e não com o produto acabado), atualizar o modelo, o que torna a utilização da tecnologia informática vital para o futuro produto. Assim, desde o início, as formas do futuro objeto são harmonizadas com as exigências dos designers e tecnólogos. O objeto criado com a ajuda de sistemas de modelização pode ser colocado em diferentes ambientes, simular e rastrear não só os seus movimentos no espaço virtual criado para ele, mas também demonstrar o seu funcionamento. É conveniente traduzir as descrições de código num padrão de tecelagem com a ajuda do Dessinator Interpreter (Dessint), que é um pacote de programas de aplicação que implementa os algoritmos considerados de construção de tecelagem. A classificação dos métodos de construção de trama (Fig. 2.2) define a estrutura e o princípio de funcionamento do sistema Dessint. Os métodos de construção no sistema Desint estão divididos em três grupos. O primeiro grupo inclui os métodos de construção a partir de elementos iniciais, tais como um único fio ou um grupo de fios. O segundo grupo inclui métodos de construção a partir de elementos iniciais de partes de padrões. O terceiro grupo inclui métodos especiais de construção de suportes com a disposição do padrão. O grupo desejado é determinado pelo tipo de elemento inicial necessário para a construção da trama final desejada. O sistema Desint baseia-se nos seguintes princípios: no processo de construção de um rapport de uma trama num grupo, a transição para outro grupo é excluída; no processo de construção de um rapport num grupo, estão envolvidos dois rapports, em que pelo menos um rapport é construído a partir dos elementos iniciais; no processo de construção de um rapport num grupo, são permitidas correcções de rapports concluídos; o sistema é implementado como um intérprete de descrições de código. Os ficheiros de dados de entrada são geralmente perfurados em fita magnética ou fita perfurada e gravados na memória do disco por um operador de computador. Os ficheiros de entrada de descrições de código de pequeno volume podem ser criados sem qualquer dificuldade pelo próprio tecnólogo-dessinador a partir do teclado do ecrã. Para este efeito, em primeiro lugar, é necessário estudar as regras de combinação de várias descrições de códigos num ficheiro sequencial de acordo com as instruções do operador e, em segundo lugar, é necessário saber como criar e editar textos a partir do ecrã do computador. É atribuído um nome arbitrário ao ficheiro de texto criado com as descrições de códigos e este é gravado na memória do disco. No sistema de conceção assistida por computador (CAD) de tecidos de camada única, o subsistema de geração de tecelagem deve abranger todas as tecelagens de camada única conhecidas e é prevista a possibilidade de conceber novas tecelagens através de novos métodos de composição com base na apresentação de informações ao computador de forma processual.

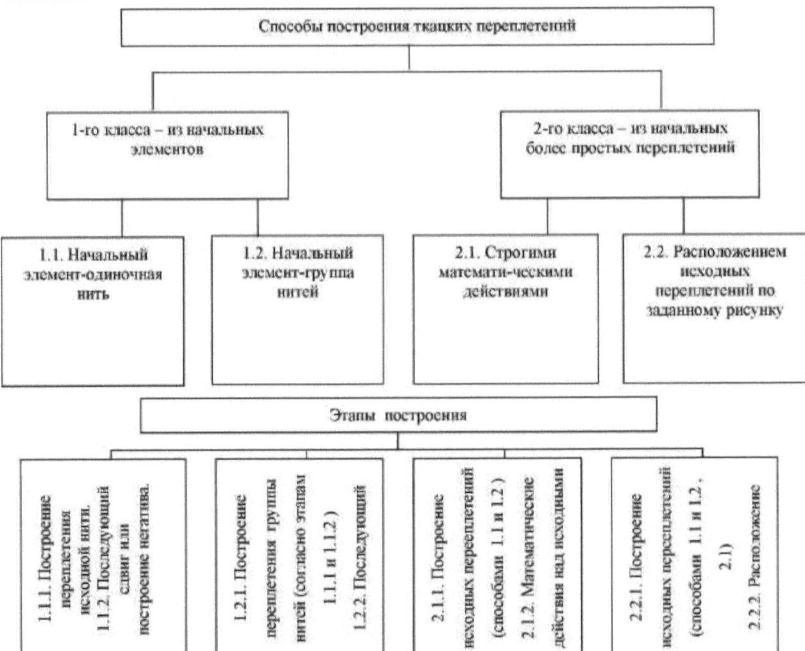

Fig. 2.2 Classificação dos métodos de construção de tranças de camada única.

Os procedimentos de composição do tecido estão relacionados com as peculiaridades tecnológicas da tecelagem e os novos métodos de composição do tecido são concebidos não através da criação de novos procedimentos, mas através da alteração da sua inter-relação. O CAD de tecidos abre amplas oportunidades para os dessinadores - reduz o tempo de pesquisa, avaliação e seleção de variantes óptimas da estrutura do tecido com a execução de toda a documentação necessária, aumenta o nível de manufacturabilidade destas soluções, acelera a atualização dos sortidos de tecidos.

A conceção com a ajuda de CAD deve ser efectuada no mais curto espaço de tempo possível, com um gasto mínimo de matérias-primas e de mão de obra, e o produto resultante deve estar na moda, ser bonito, de alta qualidade, ter o menor custo possível e satisfazer todos os requisitos operacionais iniciais. Com a automatização da conceção de tecidos, a experiência do designer na conceção de tecidos é preservada, mas, ao mesmo tempo, existe a oportunidade de criar, através de meios modernos de tecnologia informática, uma "ferramenta" de conceção, que permitirá aos designers e tecnólogos visualizar e avaliar os resultados de diferentes soluções de conceção. A conceção é assegurada por procedimentos homem-máquina, no decurso dos quais as construções e os cálculos de variantes de trabalho intensivo são atribuídos ao computador, cabendo ao técnico avaliar as variantes e tomar as melhores decisões de conceção. Por conseguinte, o objetivo da conceção do tecido é determinar os parâmetros principais da sua estrutura, cuja combinação no tecido, com um consumo mínimo de matérias-primas selecionadas, proporciona a melhor satisfação de todas as propriedades decorrentes da finalidade do tecido. A base da metodologia de determinação dos parâmetros da estrutura é o conhecimento das dependências das propriedades operacionais do tecido em relação aos parâmetros da estrutura. Com a solução destas tarefas forma-se o banco de informações, que é o núcleo de suporte de informações do sistema de desenho automatizado. O CAD de tecidos proposto exige que o investigador efectue experiências científicas com objectivos específicos para estudar as dependências das propriedades tecnológicas e operacionais separadas dos parâmetros da estrutura do tecido. O técnico de tecelagem ou o técnico de dessinagem deve preparar uma tarefa de conceção que contenha três componentes de dados iniciais: tipo de matéria-prima, propriedades necessárias, tecelagem. O técnico de tecelagem tem de escolher: de entre uma variedade de matérias-primas, um determinado tipo de matérias-primas em função das suas propriedades, das densidades lineares dos fios de teia e de trama e das suas combinações, que determinam a textura e o aspeto do tecido; os requisitos para as propriedades do tecido concebido, que deve ter um determinado conjunto de propriedades operacionais e é definido pelo técnico de tecelagem com base na importância desta ou daquela propriedade para o tecido concebido; a trama do tecido, que determina a capacidade de fabrico, as propriedades operacionais e o aspeto do tecido.

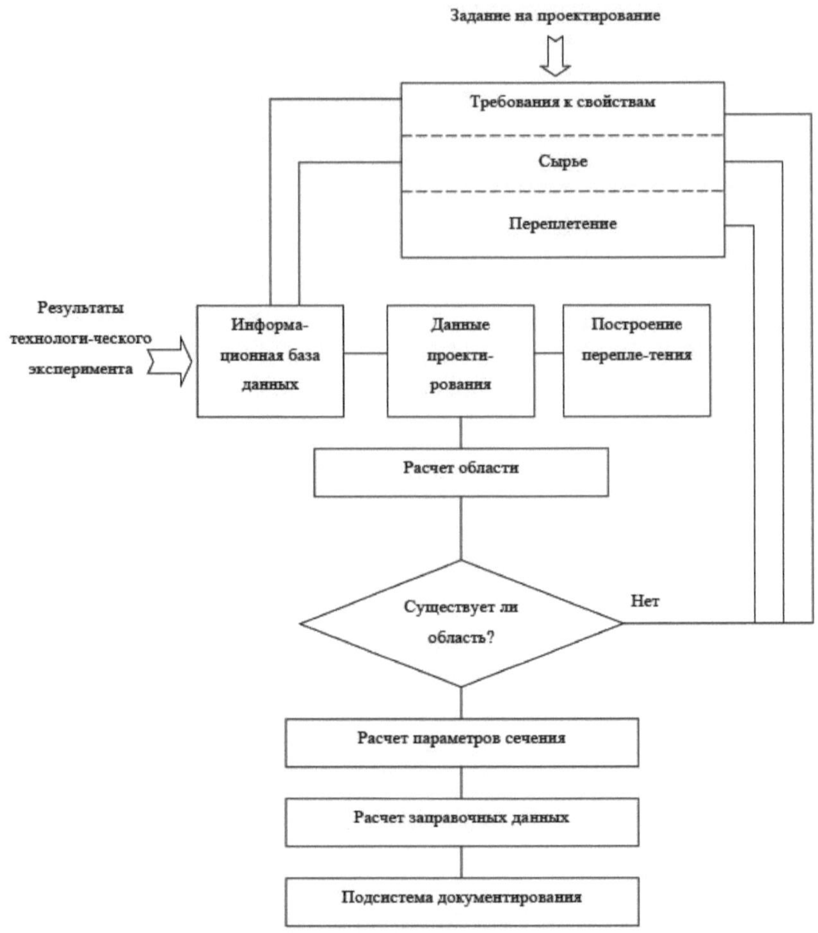

Fig 2.3. Esquema estrutural e funcional do CAD de tecidos.

A metodologia de conceção assistida por computador implica a elaboração de uma descrição codificada da trama, com base na qual o subsistema Desint estabelece a relação, calcula as caraterísticas digitais da trama e gera a documentação de enchimento. A Fig. 2.3 mostra o esquema estrutural-funcional do sistema CAD para tecidos. O sistema é composto pelo subsistema de tecelagem e pelos subsistemas de informação e de cálculo, que estão orientados para o modo de conceção dialogada. A transferência de dados entre os subsistemas é efectuada através da área comum de dados de projeto. O subsistema de cálculo destina-se a calcular a área de desenho admissível nas coordenadas especificadas pelo desenhador, de acordo com os parâmetros da estrutura do tecido. A região de desenho é construída de acordo com o conjunto de propriedades especificadas pelo dessinador na tarefa de desenho, onde o dessinador seleciona um determinado ponto dentro da região permitida, que dá os valores óptimos dos parâmetros da estrutura do tecido. O cálculo das propriedades do tecido e da confeção, o cálculo dos parâmetros da secção transversal do tecido e a impressão dos resultados do desenho são então executados. Consequentemente, o dessinador faz o seguinte: seleciona o tipo de matéria-prima, as densidades lineares dos fios de teia e de trama; concebe a trama, ou seja, é preparada uma descrição do código, de acordo com a qual o subsistema de construção da trama constrói a trama; calcula as caraterísticas numéricas (sobreposição média dos fios de teia e de trama, o coeficiente de conetividade ou a tensão de produção do tecido); constrói uma nova trama em caso de parâmetros insatisfatórios da trama considerada; faz uma transição para o subsistema de conceção com a obtenção dos parâmetros satisfatórios da trama Na ausência de uma área aceitável, corrige os requisitos das propriedades ou realiza investigação tecnológica adicional destinada a melhorar a qualidade do tecido e a obter novas dependências funcionais das propriedades em relação aos parâmetros da estrutura do tecido. A modelação de padrões é realizada através de um método incompleto ou orientado de conceção automática de tecidos. Por conceção incompleta entende-se a utilização autónoma de subsistemas CAD separados, onde se revelam os valores do coeficiente de conetividade ou de tensão da produção de tecido no tear, de acordo com os quais se determinam as densidades de fio de teia e de trama necessárias para esta tecelagem e o tipo de matérias-primas aceites. O design orientado envolve o desenvolvimento de um protótipo de tecido. A construção da área de desenho nas coordenadas densidade da trama - tensão de produção do tecido permite receber novas amostras de tecido sem enfiar a linha no tear através da seleção da densidade da trama e do fio. A Fig. 2.4 mostra o algoritmo de construção de tramas a partir de tramas mais simples.

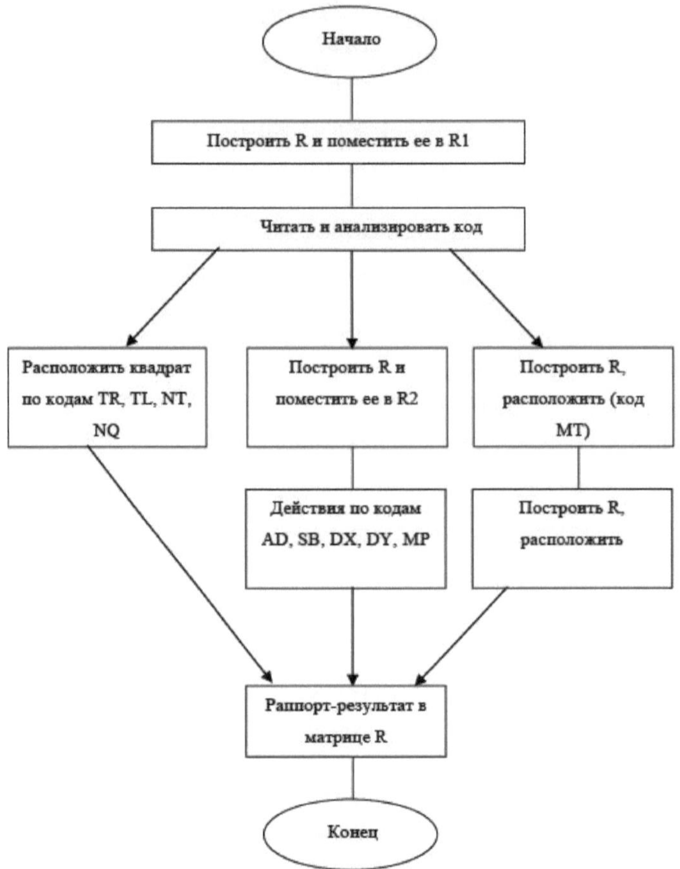

Fig.2.4 Esquema de construção de uma trama a partir de tramas mais simples.

A realização de tranças de acordo com um motivo requer a compilação de uma matriz de motivos e duas tranças iniciais. Ao contrário de um motivo, um padrão é representado por uma matriz especial, que é codificada pelo dessinador. Os elementos desta matriz podem ser quaisquer símbolos familiares ao utilizador. Todos os arranjos com transformações são caracterizados pelo facto de necessitarem apenas de uma trama inicial, que é um quadrado. Dois métodos complexos de construção de trama devem ser mencionados separadamente: o arranjo de padrão e o arranjo de sarja. A codificação de um arranjo de padrão é caracterizada por uma matriz de padrão, sendo necessárias duas, três ou mais matrizes iniciais. Para efetuar o arranjo por motivo, é necessário fornecer a entrada do motivo, determinar o número necessário de matrizes iniciais para preencher o motivo e, em seguida, efetuar o arranjo de cada matriz da mesma forma que no caso do arranjo por motivo. A estrutura da descrição do código das sarjas tecidas difere consideravelmente de todas as outras. Os elementos desta matriz podem ser quaisquer símbolos familiares ao utilizador. Todos os arranjos com transformações caracterizam-se pelo facto de necessitarem apenas de uma trama inicial, que representa um quadrado. Dois métodos complexos de construção de trama devem ser mencionados separadamente: o arranjo de padrão e o arranjo de sarja. A codificação por padrão é caracterizada por uma matriz de padrão, sendo necessárias duas, três ou mais matrizes iniciais. Para efetuar o arranjo por motivo, é necessário prever a entrada do motivo, determinar a partir dele o número necessário de matrizes iniciais para preencher o motivo e, em seguida, efetuar o arranjo de cada matriz da mesma forma que no caso do arranjo por motivo. A descrição do código das sarjas tecidas difere consideravelmente na sua estrutura de todas as outras sarjas. A criação do sortido necessário é possível com base em soluções multivariadas e variadas de conceção de tecidos e produtos. A conceção assistida por computador permite não só criar, mas também melhorar um produto complexo, avaliá-lo e testá-lo não numa empresa real, mas na realidade virtual. Isto é especialmente relevante para complexos tecnológicos caros, complexos e únicos. Propõe-se o método de conceção assistida por computador, compilação de descrições de código de tecidos numa interpretação dissenatorial baseada em computador. O sistema de codificação - um modelo do processo de composição de tecidos - é um fator indispensável na conceção do design de tecidos. Tendo em conta as desvantagens dos sistemas de codificação existentes - cuja principal desvantagem é a inaceitabilidade para a tecelagem jacquard -, propõe-se um novo sistema de codificação, tendo em conta as tramas de fios de teia moídos e de fios de trama coloridos. No novo sistema de codificação proposto, é dada uma argumentação precisa para o tipo de máquina Jacquard, para a sequência de tramas utilizadas. O novo sistema de codificação "Paleta de tecidos de tecelagem" é introduzido como um subprograma no programa de computador existente "MüCAD". Os tecidos existentes são agrupados (com base no grupo de tecidos principal) e etiquetados da seguinte forma: tecidos lisos com a letra T (tafetá); tecidos acetinados, acetinados com a letra S; grupo de tecidos de sarja D. Por exemplo: a descodificação do sistema de códigos NT 624 T 1 e NT 624 S8 1 será NT - fitas de etiquetas cortadas longitudinalmente, tear de pinças sem lançadeira; 624 - número total de ganchos; T - chão - tafetá; S8 - chão - cetim de 8 fios; 1 - número de etiquetas no relatório de tecelagem. Para criar um modelo, é necessário ter o chamado cabeçalho do modelo: plano da lançadeira de trabalho; nome do modelo; paleta de tecelagem; trama de tecelagem e predefinição de cor (BV). O plano BV é fornecido para um máximo de 12 cores de fio de trama, incluindo a trama de fundo. O menu de entrada fornece uma visão geral de todas as cores básicas (P), cada uma com uma gama de até sete cores compostas (tonalidades) e tramas para padrão, terra e laços de desfiado, bem como comprimentos flutuantes e pontos de trama deslocados. As tramas para o topo, a teia e o fundo podem ser alteradas individualmente para cada cor principal e para as cores compostas correspondentes. É possível deslocar os pontos de tecelagem individuais no rebordo superior e inferior da parte do padrão (tecelagem superior) para o lado esquerdo ou direito. A tabela 2.1 mostra a pré-amostragem para a trama de fundo.

Tabela 2.1.

Amostragem preliminar de emaranhados no solo

№	Designação da pré-amostra	Nome da trama de chão
1	BVT	Tafetá
2	BVS5	Atlas de 5 unidades (BVS5RE-5-TH--nit atlas com terra oposta S5RE-carnH)
3	BVS8	Atlas de 8 unidades (BVS5RE-8-MH--NIT atlas com terra oposta S8RE-carnH)
4	BVS53	Atlas de 8 fios com pontos extra
5	BVPA	Representante principal de 2 threads
6	BVK3	Sarja 2/1
7	BVK3N	Sarja

As tranças dos planos de pré-seleção de tranças não podem ser misturadas com outras tranças. Exemplo: A tecelagem BVS5 não se mistura (encaixa) com a BVS8 ou BVT, etc. Uma fita jacquard de dois tons com uma cor de teia e duas cores de trama (tabela 2.2.). Depois de introduzir os dados da trama, aparecerá um padrão colorido no monitor. Este "desenho F" é guardado e pode ser utilizado para correcções, se necessário. O desenho para transferência para o tear, o chamado desenho P, será guardado separadamente, com o comando inicial "A-5", clicando na moldura [* Guardar "desenho P" pronto para transferência para o tear] *) e chamando o nome do desenho a ser gravado.

Tabela 2.2.

Fita jacquard de dois furos

Plano dos ganchos de trabalho	KLG:352
Nome da imagem	KLGTEST
Paleta de tecidos	KLG
Pré-amostragem de tecidos	BVLG (EL41,EL42,TL43)
Número de cores primárias	1
Leitura na direção da base	(o número de cores de base em toda

	a largura é igual ao rácio de expansão)
Leitura na direção da trama	2 (o número de cores da trama é igual ao fator de expansão)

Só este modelo "P" pode ser transferido para o tear através do MULOAD. Ordem de funcionamento. Alterar os dados na sequência seguinte, completando cada alteração com [INTER]: a) Nome do plano da lançadeira de trabalho, classe do modelo; b) Nome da cabeça do modelo: CAMHEAD (não utilizar outros nomes para este efeito); c) Nome do plano da lançadeira de trabalho, classe do modelo; d) Nome do plano da lançadeira de trabalho: CAMHEAD (não utilizar outros nomes para este efeito).

Paleta de trama; d) Seleção de trama pré-definida; e) Número de cores principais (sem primário); f) Número de fios principais por cm (para tafetá - 57); g) Número de fios de trama por cm (para tafetá - 25); h) Largura e altura do desenho em mm. A posição do início do desenho a digitalizar, medida a partir da linha de partida j) Clicar em [Guardar] para desenhar e confirmar este novo desenho "Camhead". Caso contrário, o "Cabeça de came" ou desenho emprestado será substituído. A largura [passo h)] é a largura real do desenho em mm, excluindo as bordas e as linhas principais de retenção (linhas de aderência) à esquerda e à direita > Plano do gancho de trabalho. O MUCOMP 3 foi concebido para uma digitalização rápida, altamente precisa e extremamente fiável de fotografias a cores, desenhos a cores ou esboços. Este dispositivo permite-lhe escrever programas de desenho no sistema MUCOMP 3 com um elevado grau de automatização e com a máxima produtividade. Após a digitalização, são apresentadas todas as cores do plano BV padrão. É possível adicionar cores matizadas, mistas e duplas, selecionando a partir de uma secção. O sistema MUCOMP 3 T é utilizado para criar rápida e facilmente programas de padrões para máquinas de jacquard controladas eletronicamente, utilizando esboços e contornos do projeto de padrões. Caraterísticas: criação de padrões de jacquard multicoloridos em teia e trama até 2688 ganchos e 12 cores de trama; memória de 16 Megabytes expansível até 40 Megabytes; controlador gráfico para 256 tonalidades de cor; elevada capacidade de expansão da câmara CCD (até 600 dioptrias) para leitura de padrões de cor até 290 x 420 mm. Dispositivos de armazenamento e capacidade de memória: discos flexíveis (disquetes) 3 Щ 1440 Kilobytes; disco rígido 3 Щ aproximadamente 210 Megabytes; discos ópticos; 2x300 Megabytes; fichas de ligação para equipamento externo (periférico): teclado; 20 monitor de vídeo com RGB - sinal (sinal das cores principais da imagem vermelho-verde-azul - vermelho-verde-azul - vermelho-verde-azul) (60 imagens por segundo); tablet gráfico 290 x 420 mm com 5 -

botão "rato" ; dispositivo de impressão a jato de tinta a cores, 300 dioptrias. Opções: funcionamento em rede informática com um máximo de 8 estações paralelas; módulo VUDESIGNER com Corel Draw; ligação ON LINE (modo sistema) com uma estação ARTWORK separada (foto-original); equipamento para programação de máquinas Jacquard e máquinas de seccionar cartão estrangeiras. Cada documento pode ser visualizado e alterado no ecrã através de um ou mais diálogos definidos. Os documentos têxteis definidos são utilizados para converter um desenho num produto têxtil ("Pdesign") e, finalmente, num ficheiro Jacquard que pode ser enviado para o tear. Cada documento pode ser um documento "raiz" (no topo da hierarquia) ou um "sub-documento" e, portanto, parte do documento "principal". Tipicamente, toda a informação têxtil necessária para converter um desenho num ficheiro Jacquard está contida num plano de modelo, que é um sub-documento relativo ao desenho. Uma das principais diferenças conceptuais entre o MüCAD e os seus antecessores, para os quais o sistema MüCAD Müller é copiado, é o Mücomp ZT, que tece planos de trama e paletas do MüCAD como cópias dos ficheiros de padrões originais. A tradução têxtil do projeto é feita com base em cópias locais, (sub-documentos), o que facilita a transferência do projeto completo com toda a sua informação têxtil de um computador e utilizador para outro, transferindo apenas o ficheiro do documento do projeto. Todas as informações necessárias para a tradução de têxteis estão contidas como subdocumentos no documento do projeto (plano de padrão, plano de desenho, plano de tecelagem). Foi desenvolvido um novo esboço para fitas para fins especiais. As fitas jacquard para fins especiais, trabalhadas na máquina Jakob Muller, destinam-se a dragonas de oficiais superiores e inferiores e têm os seguintes significados de código semântico destes padrões. A figura 2.5 mostra amostras de dragonas de oficiais superiores. Os desenhos são apresentados em três variações de cor: cerimonial - fundo dourado; camisa - fundo branco; quotidiano - artemísia. O pessoal dos oficiais superiores distingue-se do pessoal dos oficiais subalternos por duas riscas distintivas longitudinais que, de acordo com os ramos de serviço, têm as suas próprias variações de cor especiais. No novo programa de conceção de fitas para fins especiais proposto, partimos de interpretações semânticas puramente específicas inerentes a expressões nacionais e históricas, tomando como base a era de Amir Timur. A composição do desenho dos oficiais superiores tem o seguinte significado semântico: as linhas rectas são interpretadas como a correção e a clareza do caminho escolhido; os quadrados inscritos como a honestidade, a inteligência e a ordem de pensamento. O quadrado pertence aos signos solares, que simbolizam a ordem, a honestidade, a justiça, a sabedoria e a honra. A estrutura quadrada é utilizada não só para significar as propriedades espaciais do universo, mas também simboliza as coordenadas temporais básicas: as quatro partes do dia; as quatro estações do ano; as quatro idades do mundo; e as quatro idades humanas. A figura 2.6 mostra amostras de dragonas para oficiais subalternos. A composição apresentada para os oficiais subalternos tem o seguinte significado semântico: o círculo representa a sociedade, o bem e o país como um todo. No exército timúrida, o círculo era uma proteção contra o mal e os espíritos impuros, e três círculos personificavam a oposição. No brasão de armas do emir Timur havia um motivo representado sob a forma de três anéis.

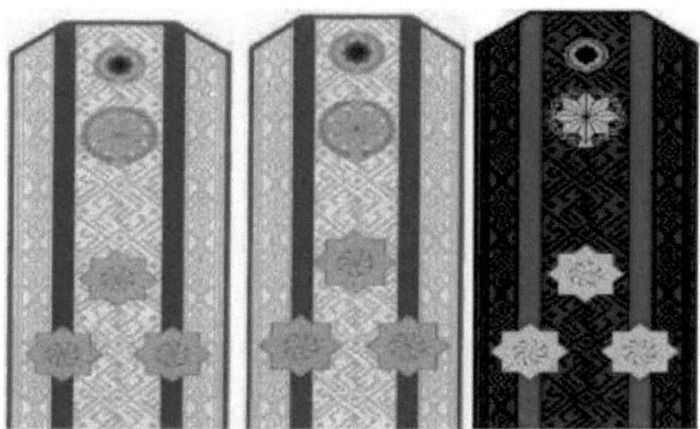

Fig.2.5 Amostras de cintas de ombro de oficiais superiores

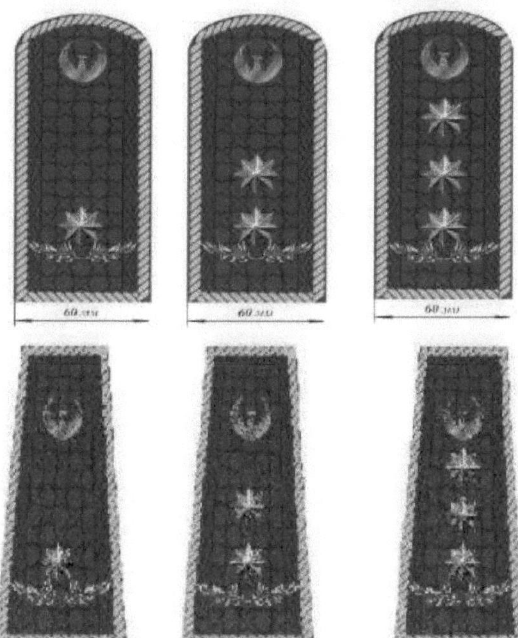

Fig. 2.6 Modelos de dragonas para oficiais subalternos

O losango, tal como o quadrado, é um signo solar e transporta o seguinte código semântico: igualdade de todos; pureza e ordem de pensamento; estrutura correta da sociedade e correção de ideias. Em combinação com um círculo, o losango pode ser interpretado como uma mandala. A mandala é um sinal sagrado da sociedade. A mandala pertence ao número de sinais geométricos de estrutura complexa. O esquema mais caraterístico da mandala é um círculo exterior com um quadrado inscrito nele. Nos bordos da composição das dragonas dos oficiais subalternos existem cartuchos. No exército timúrida, eram interpretadas como nós de felicidade. O artigo apresenta variantes de amostras de dragonas para oficiais subalternos. A cadeia tecnológica de produção de fitas para fins especiais em jacquard de poliéster é desenvolvida para a conceção de fitas para fins especiais. A escolha das matérias-primas é efectuada tendo em conta as possibilidades do equipamento jacquard. No resumo, são justificados os elementos dos atributos modernos das estruturas de poder da República do Usbequistão, tendo em conta as tradições nacionais em matéria de ornamentação e simbolismo da época de Amir Timur. A conceção da máquina por computador provoca principalmente a expansão da gama de produtos produzidos e o armazenamento mais conveniente de informações e padrões de tecelagem. Um artista-dissentor pode, no monitor, sem produzir amostras, aplicar uma abordagem de multivariação à produção de um determinado padrão, aplicar diferentes combinações de tons e tecidos e transferir o programa para o disco de computador que controla a máquina jacquard eletrónica. Este processo teria sido moroso e dispendioso se o modelo tivesse sido desenvolvido da forma clássica. Foram desenvolvidas fitas jacquard para dragonas, tendo em conta novas composições ornamentais e soluções cromáticas, de acordo com os significados simbólicos entre elas. São propostos novos sistemas de codificação dos padrões das fitas jacquard, tendo em conta as tramas dos fios de base e de padrão, o tipo de máquina jacquard e a sequência das tramas utilizadas. As fitas de jacquard são desenhadas com o novo software MuCad, que tem possibilidades ilimitadas de relacionamento de tecidos e alta velocidade de desenho de tecidos.

O terceiro capítulo contém a investigação tecnológica das fitas Jacquard, a tecnologia de produção das fitas Jacquard, a seleção e a investigação das tramas das fitas Jacquard, a otimização da produção das fitas Jacquard. A formação das fitas é um processo de entrelaçamento de dois sistemas de fios sob a ação conjunta de mecanismos do tear que realizam operações tecnológicas: tensão da teia e optusk, desfolhamento, colocação da trama no galpão, surfagem do fio de trama para a penugem e enrolamento do tecido. Deste modo, o processo de formação do tecido desenrola-se desde a urdidura até ao rolo de mercado, com a participação obrigatória de todos os mecanismos do tear. Num tear de fitas suíço Jakob Muller com uma cabeça Jacquard, o processo de formação da fita ocorre da seguinte forma (Fig. 3.1).

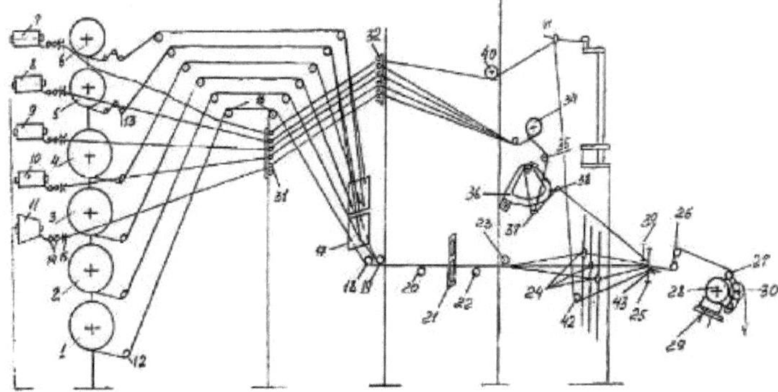

Fig. 3.1. Esquema tecnológico do tear Jacob Mullar.

Os fios de teia são desenrolados a partir das posições de tecelagem 1-6, montadas no bastidor fixo em duas filas verticais, sob uma determinada tensão de enchimento F. Dos doze pilares de tecelagem montados no bastidor, quatro pilares 5-6 têm fios de orla e oito pilares 1-4 têm fios principais de fundo. Duas navetes com fios de teia de fundo e uma navete de orla estão envolvidas na formação de uma fita. Os fios de teia envolvem um sistema de rolos-guia 12,13,16. Os fios dos dois fios de fundo e de um fio de orla são introduzidos na cana traseira 17. Em seguida, os fios contornam as guias 18,19,20, entram no monitor de urdidura lamelar 21, nos olhos do vendaval 24 da máquina Jacquard, formando uma calha na qual os fios de trama 8, 9, 10, 11 são colocados com a ajuda de uma agulha, sendo depois pregados na borda da fita pela cana 25. Os fios de trama (7 - fio de orla, 8 - fio de trama moído, 9, 10, 11 - fios de trama estampados) são enrolados a partir dos maços 7, 8, 9, 10, 11 situados no tear móvel. Passam através de dispositivos de tensão 14, guias de fio 15, 31, 32, 33. Além disso, o fio 7 de revestimento dos bordos passa através do dispositivo de controlo 41, das guias 42 e é introduzido no alimentador de fio da agulha de cana 43. A agulha de palheta é fixada numa haste que se move reciprocamente a partir da came. Os fios de terra e os fios do modelo contornam as guias de fio 33,34,35 e passam através do dispositivo de controlo para controlar os fios de trama 36, através dos olhos da máquina Jacquard, as linhas de separação 39 com a ajuda da agulha são colocadas no galpão na borda da fita. O regulador de mercadorias retira a fita trabalhada da zona de trabalho da máquina e a teia é alimentada para formar um novo elemento de fita. O ciclo é então repetido e os próximos elementos de tecido são formados. A fita trabalhada envolve os rolos-guia 26, 27, o rolo 28, o termo-regulador 29, os rolos-guia 30, 31 e é enrolada no rolo de mercadorias 32. Quando a trama modelada é colocada, não há retirada da fita porque o rolo não recebe movimento, de acordo com o programa da máquina Jacquard. Independentemente da teia instalada no tear, a condição mais importante para um processo de tecelagem correto é criar a tensão de enchimento necessária da teia e assegurar que a teia é temperada de acordo com o seu consumo durante a formação de cada elemento de tecido. Por conseguinte, à medida que o tecido é produzido e retirado do tear, deve ser fornecido o comprimento de urdidura correspondente, que é constituído pelo comprimento do tecido produzido e pela margem de urdidura. Quando os teares estão equipados com travões principais, a teia é virada e, por conseguinte, a teia é libertada através de um sistema de enchimento elástico - tensão do tecido e da teia. À medida que o tecido é trabalhado, a tensão do tecido e da teia aumenta, assim que chega o momento de desigualdade entre a tensão da teia e a força de travagem da teia, a teia começa a rodar e a teia é libertada para a área de trabalho da máquina. Num tear de fitas com cabeça Jacquard Jacquard fabricado na Suíça, estão instalados os principais travões de fricção. Uma vez que os rendimentos dos fios do fundo e da ourela são diferentes, o mesmo acontece com os desenhos dos travões principais. No travão principal de fundo, os fios de teia 1, com uma tensão F, são enrolados à volta do eixo móvel 4, a pré-tensão da correia de travão 5 enrolada à volta da polia de teia é T (Fig. 3.2). A tensão de urdidura desejada é criada pela carga ou descarga da mola 2. A mola actua sobre o braço móvel 6, no qual está encaixado o eixo guia 4. Uma extremidade da correia de travão 5 é fixada ao braço móvel 6 e a outra extremidade da correia é fixada ao braço fixo. Logo que o sistema de enrolamento da urdidura é acionado, a tensão do fio de urdidura 1 provoca a elevação do eixo guia 4, o que faz com que a urdidura seja libertada da correia de travagem 5 e o enrolamento da urdidura tenha lugar. Logo que o sistema de enrolamento da teia pára, a guia da teia 4 é libertada para baixo pela tensão da mola 2. A correia de travagem 5 está em contacto com a superfície da urdidura 3, pelo que o enrolamento da urdidura pára. Ao alterar a tensão da mola 2, as correias de travão 5 são pressionadas com maior ou menor força contra a polia da urdidura 3. É criada a resistência necessária à libertação da urdidura entre a correia e a urdidura e, por conseguinte, a tensão de enchimento necessária da urdidura. $_{Maxt}$ $^{-/}$ $^{a}_{t}$Torque máximo de travagem *M = TR (1- e)*, em que *a é o* ângulo da correia de travagem em torno da polia de travagem do navoi; *R é o* raio da flange de travagem do navoi*; / é o* coeficiente de atrito; *e é a* base do logaritmo natural.

$_{22}$Equação de equilíbrio da alavanca 6 no modo sem rutura *Faisin ß+Taisin βı - P/a* , em que *ai e a são os* parâmetros de projeto do travão; *β e βı são os* ângulos de inclinação da urdidura que sai da urdidura; *P é a* força da mola 2.

Um valor de $T < 0$ indica que o travão não está a funcionar sem interrupção.

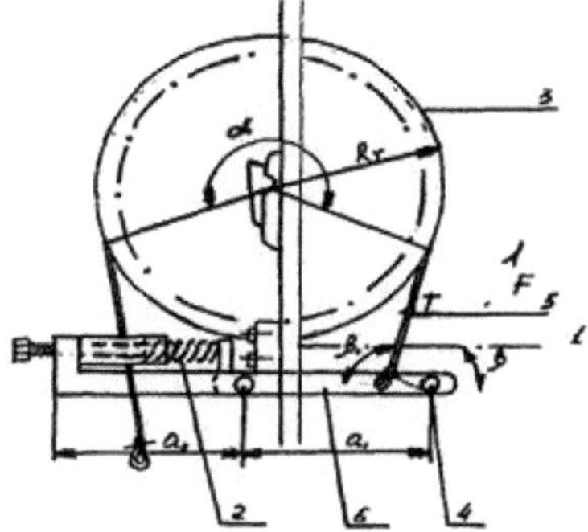

Figura 3.2. Travão principal dos filamentos de fundo

No travão principal da orla, a tensão da linha é regulada apertando ou soltando o parafuso 2 (Fig. 3.3). Quando o mecanismo de enrolamento do fio é ativado, os fios da ourela 1 circulam o eixo 4 para baixo. Em consequência, os pequenos flanges da teia de tecelagem 6 são libertados da força de fricção do suporte 5 e o fio é torcido. Assim que o mecanismo de enrolamento do fio pára, a tensão dos fios 1 no eixo 4 deixa de ser aplicada e o eixo 4 volta à sua posição original.

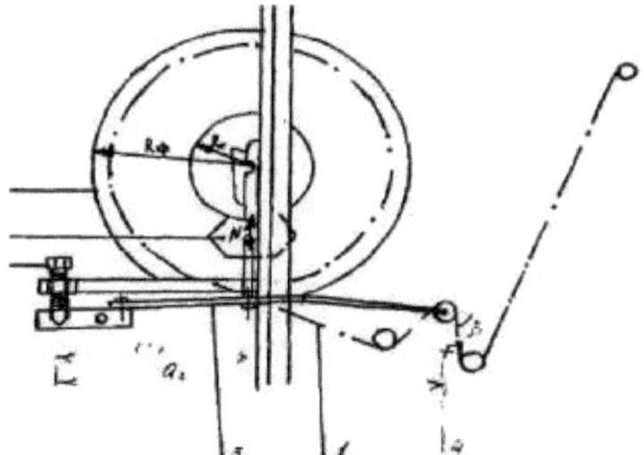

Figura 3.3. Travão de rosca de borda básico

Consequentemente, a placa metálica 3 é levantada para cima, a resistência necessária à libertação do enchimento é criada entre o suporte 5 *e o* flange do enchimento, e consequentemente, o filamento é parado. A existência de um contrato entre o suporte 5 *e a* superfície de travagem do flange de urdidura é uma condição prévia para o funcionamento do freio do fio de borda. *O* binário máximo de travagem *Mmax=fNRt,* em que *f - coeficiente de* atrito; *N - pressão* da alavanca sobre a urdidura; *Rt* - raio da flange de travagem da urdidura. Equação de equilíbrio da alavanca do travão 3 no modo sem rutura *Nai- Fa2 sinβ - Pa2* , em que *,* *α2* - parâmetros de conceção dos travões; *β* - ângulo de inclinação da urdidura que sai da urdidura; *P* - deslocamento do parafuso. O modo sem rutura é quebrado se *N*< *0*. No mecanismo de colocação da trama e de formação da ourela (Fig.3.4), a trama é colocada no galpão com a ajuda da agulha 1, que efectua um movimento de retorno progressivo. Na zona do gancho 2 da agulha 1 entra o fio 4, levantado pelas galgas 7 da máquina Jacquard, e é colocado no galpão, e o fio 3 não é alimentado na zona do gancho 2 e, portanto, não participa na formação do padrão de trama. No lado oposto ao movimento da agulha, a ourela é trabalhada com a ajuda de agulhas de língua 5, onde o laço é tricotado a partir do fio adicional (ponto atrás) 6, enrolado a partir de uma bobina especial. O tear de fita Jacquard "Jakob Muller", de fabrico suíço, que constitui uma das tecnologias mais avançadas da maquinaria têxtil mundial, dispõe de um computador "Mucomp 3 Junior" equipado com um dispositivo de leitura ótico-eletrónico. Isto liberta o artista-destinador da necessidade de fazer cartuchos e acelera o processo de processamento de padrões. A utilização de um computador permite-nos passar sem fazer amostras, porque no monitor podemos ver o desenho na trama com as tonalidades de cor especificadas. A Fig. 3.5 mostra a cadeia tecnológica da conceção de fitas jacquard para fins especiais. A fase de conceção, desde o desenvolvimento do modelo até à transferência do programa de padrões de tecelagem, foi analisada no capítulo anterior.

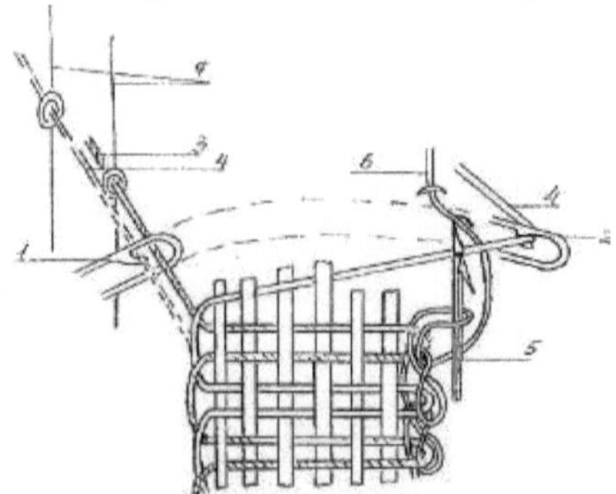

Figura 3.4. Inserção da trama e formação da ourela

Na fase tecnológica, preparamos a teia e a trama para a tecelagem, tecemos a fita jacquard no tear, desenvolvemos e acabamos o produto semi-acabado até ao produto acabado (dragona). Os quadros 3.1 e 3.2 resumem as caraterísticas e os parâmetros do equipamento de tecelagem e da tecelagem. O quadro 3.3 apresenta a tabela de enchimento da fita Jacquard para a teia e a trama.

Eis o cálculo técnico da fita jacquard.

1. Fundo. 1 fundo - fio de poliéster 12,6 tex, 600kr./m contagem 176 fios. 2 fundo - linha de poliéster 12,6 tex, 600cr./m contagem 176 fios. 3 bordos - fio de poliéster 12,6 tex, 600cr./m contagem 48 fios, Total 400 fios.

2. Trama. 1 fundo - fio de poliéster 8,7 tex, 120kr./m., 2 padrão - viscose 16,6 tex, 120kr./m. 3 orla - fio de poliéster 5,7 tex.

3. $_{л}$Largura da correia B =69 mm.

4. $_{0}$Densidade do fio de base P =60 n/cm.

5. $_{y}$Densidade da trama P =50 n/cm.

6. Palheta traseira, a) fundo 1 e fundo 2 - dois fios por dente da palheta, b) bordo - dois fios por dente da palheta.

7. Colheita na palheta da frente *6n + bnh Zraz + 6n + 4 x88raz + 6n.*

8. O número de palhetas é de 100 dentes/dm.

9. A apanha na arcata é feita linha a linha.

10. Largura de enchimento ao longo da cana. $_{3}Em = 71,2\ mm.$

11. Coeficiente de parentesco

$_{ep}C = RoRu * T / (1000 * F) = 60 * 25x2 * 12,6/(1000 * 10,08) = 3,6.$

$_{ep}T = 12.6+8.7+16.6/3=12.6.$

$_{ЩН}A=2\ K\ K\ .\ _{щнщ}(\ e\ +e\ ) = 2 * 28 * 18.\ (28+72) = 106086\ K\ e\ K_{н}$

é retirado da Fig. Zy16u

12. Superfície e densidade linear da fita,

a) Peso dos fios de urdidura e de trama por 100 m de fita, g,

*m o = não *To * Kyp /10 = 400 * 12,6 * 1,05 /10= 529 g,*

$_{ЛУУР}m\ y = Ty * B * P * K /10 = 8,7 * 6,9 * 25x2 * 1,08 /10 = 324\ g,$

$_{узорУР}m = T*K /10 = 16,6 * 323,3 /10 = 536\ g\ ,$

б) Densidade linear da fita, g/m

$_{соуузор}P = m /100 + (m + m\ ) /100,$

$_{c}P = 529/100 + (\ 324 + 536)/100 = 13,89\ g/m.$

13. ^{2}Densidade da superfície da fita, g/m ,

$_{c}^{2}P = P /Vl = 13,89 / 0,069 = 201,3\ g/m\ .$

14. Fator de enchimento da fita,

a) Enchimento linear da fita na base

$_{0}Z = do * Po = 0,139 * 600 = 83,4\ \%.$

*Do = 0,0316 C Jr = 0,0316 * l,24jdJß = 0,139mm.*

б) Enchimento linear da fita na trama

*Pe= de *Pe = 0/138 * 50 * 10 = 69 %*

*de = 0/0316 * 1/24 ftp =0/116*

*de = 0/0316 * 1/24 JJß = 0/160*

de = 0/116 + 0/160 \ 2 = 0/138 w/

в) Enchimento da superfície da fita

$_{0}3n = 3\ o + 3y - 3 * 3y/100,$

$3n = 83,4 + 69 - 83,4 * 69 /100 = 94,8\ \%.$

Enchimento de fitas,

$_{cpooo}H = H\,T + HyTy/(T + Tu)$,

$_{cp}N = 0.95 * 12.6 + 0.72 * 12.65/(12.6 + 12.65) = 0.83$,

$_{oO}H = P /Pomax = 60/63 = 0,95$,

$Nu = Ru/Ru\ max = 50 / 68,6 = 0,72$.

$_{o}P = 100 * Ro / (doRo + dyKy) = 100 * 28/(28 * 0,139 + 0,138 * 4) = 63$

$_{y}Ky = n / Ry = 72/18 = 4$.

$Py\ max = 100 * Ry / dyRy\ doKo) = 100 * 18/(0,138 * 18 + 0,139 * 2) = 68,6$.

$Ko = \text{não} / Ro = 56/28 = 2$

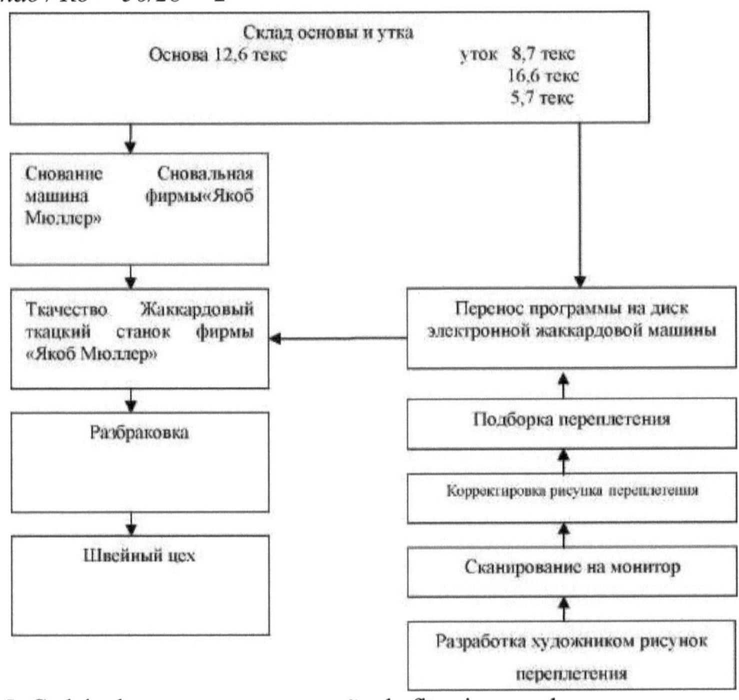

Fig.3.5: Cadeia de processos e conceção de fitas jacquard.

Tabela 3.1.

Parâmetros do tear Jacquard Jakob Muller para a produção de cintos Jacquard para fins especiais

Elementos de caraterização	Indicadores
- Velocidade do veio principal, min$'^{1}$	390
- Tensão de urdidura, cN.	20
- Tensão do fio de trama, cN.	15
- Número de fitas produzidas, pcs.	4
- Altura do galpão ao longo do caniço, mm.	30
- A dimensão do ombro, mm.	15
- Largura das correias produzidas, mm.	60
- Número (cor) de tramas num cinto, pcs.	5

- Mecanismo de guinada Densidade da trama, fio/cm. - Método de debruar no lado oposto ao ponto de partida da agulha - Número de navoi, pcs.	Máquina Jacquard 50 tricotar com fio extra 12

Tabela 3.2.

Caraterísticas e parâmetros da máquina de rebobinar Jakob Muller.

Elementos de caraterização	Indicadores
- Velocidade de tecelagem linear, m/min.	50-500
- Método de tricotar	enrolamento paralelo 0,7-0,8 10
- Densidade do enrolamento no enchimento, g/cm^3	224,5
- Peso das anilhas, gr.	102
- Dimensões do navoi, mm.	255
Marinha pequena:	304
diâmetro da flange	102
diâmetro do cano	275
espaçamento entre flanges	400 arruelas
Marinha grande:	1225
diâmetro da flange	1170 -
diâmetro do cano	2400
espaçamento entre flanges	6000 -
- Creel:	3000
número de feixes de trabalho	10170
tipo de tensão	
- Dimensões totais da máquina, mm.	
largura	
profundidade	
altura	
- Dimensões totais da canilha, mm.	
largura	
comprimento	
altura	
- Distância entre a máquina e o covo, mm.	
- Comprimento total da instalação, mm.	

Tabela 3.3.

Cartão de enfiamento de fita Jacquard

Base

№	Nome	Matérias-primas utilizadas	Densidade linear do fio, tex	Número de fios	Taxa de trabalho	Quantidade de matérias-primas para a produção de 100 m de fita, gr.
1	Von	Fios de poliéster	12,6	176	1,05	232,848
2	Von	Fios de poliéster	12,6	176	1,05	232,848
3	Orla	Fios de poliéster	12,6	48	1,04	62,899

4	Total			400		528,595

Pato

№	Nome	Matérias-primas utilizadas	Densidade linear do fio, tex	Densidade da fita, fios por 1 cm.	Coeficiente de eficiência da mão de obra	Quantidade de matérias-primas para a produção de 100 m de fita, gr.
1	Von	Fios de poliéster	8,7	50	1,08	324,162
2	Padrão	Viscose fios	16,6		323,3	536,678
3	Orla	Fios de poliéster	5,7		12,8	7,296
	Total					1396,731

Os teares Jacquard modernos são unificados, ou seja, com várias densidades de enchimento, é possível diversificar a gama de tecidos Jacquard. Uma pequena diferença na densidade de enchimento na urdidura é compensada pela densidade da trama. No mesmo tipo de máquina, com as mesmas máquinas jacquard, é selecionado o mesmo número de ganchos de trabalho e é adoptada a mesma largura de enchimento, independentemente da densidade de enchimento. Nos teares de fita Jakob Muller, a densidade de enchimento e de teia padrão é de 60 fios por 1 cm. Por conseguinte, os sistemas de enfiamento normalizados devem ter em conta as seguintes nuances. A escolha da largura de enchimento do tecido depende da largura de enchimento da máquina. O número de ganchos de trabalho afecta o tamanho do purl, o tamanho do padrão na teia e a escolha do tecido para o fundo. O número de ganchos de trabalho dividido pela largura de enchimento deve ser um número inteiro, e este número inteiro determina o número de relações ou partes no enchimento e o deslocamento da densidade de enchimento do tecido na teia. Se se obtiver um número ímpar, altera-se o número de ganchos de trabalho ou a largura do enchimento. Em todos os cálculos, o número de ganchos e a largura de enchimento do fundo são tidos em conta sem ter em conta as ourelas. Os tecidos Jacquard podem ser simples (camada única), em que não são utilizados mais de dois sistemas de fios, e complexos (multicamadas), em que são utilizados pelo menos três sistemas de fios ou mais. Para as dragonas, utilizam-se tecidos jacquard de duas e três tramas, em que um sistema de fios de teia e dois ou três sistemas de fios de trama intervêm na formação da fita, estando os fios de trama dispostos em duas

ou três camadas na fita. Estes tecidos caracterizam-se pelo facto de os fios de trama necessários para o padrão serem atribuídos na parte da frente da fita e, nos fios onde não devem ser atribuídos, estes fios são removidos para a parte inferior do tecido. A particularidade da produção destas fitas reside no facto de o regulador de mercadorias desviar o tecido aquando da colocação da trama de fundo (chão) e não desviar o tecido da zona de formação aquando da colocação das tramas em relevo (com padrão). Isto faz com que as tramas em relevo sejam colocadas sobre as tramas de fundo em camadas e não lado a lado. Por conseguinte, ao determinar a densidade do tecido (fita), é necessário ter em conta: o número de sistemas de fios principais e de trama; a densidade dos fios em cada sistema; a alternância dos fios de cada sistema que formam um fundo.
$_{0}$O quadro 3.4 apresenta os resultados dos cálculos relativos à seleção da densidade da teia (*P*), da largura de uma peça de enchimento *(4)* e do número de peças de enchimento *(N)* para uma densidade de enchimento (padrão) na teia igual a 60 fios/cm, um número de ganchos de trabalho de 352 e uma largura total de enchimento da fita de *Sh=25,2 cm.* A definição dos dados e os cálculos foram efectuados de acordo com as fórmulas. O número de peças por fio *(N)* e o desvio *(C) da* densidade na teia. *N = C = K / W=352/25,2=14,* pelo que o número de peças *N=14* peças e a deslocação da densidade na base *C=14* fios. A largura de uma peça no enchimento (W*) W = K / W = 352/196=1,8 cm.* Densidade máxima de enchimento dos fios de teia *(P). P $_{0}$= K/4 = 352/1,8=196 fios/cm.* Para determinar as densidades de enchimento seguintes, subtrair o desvio de densidade (*C)* à densidade anterior.
$_{o4o}$*Po2 = Pol - C; Po3 = Po2 - C; P = P h - C*; etc. $_{o12o3o3}$Para determinar a largura de cada variante de uma parte do enchimento das variantes é necessário dividir o número de ganchos de trabalho (*K)* pela densidade de enchimento das variantes, ou seja, *41= K/P; Ch = K/P h; Ch* = K/P; etc.
$_{22}$Para determinar em variantes o número de peças de enchimento (*N),* é necessário dividir a largura total do enchimento (*W)* pelas variantes da largura de uma peça de enchimento, ou seja, *N = W/Ch, N = W/Ch; N = W/Ch; etc.*
Para a máquina "Jakob Muller", de todas as variantes (Tabela 3.4), o enfiamento e o trabalho da fita mais aceitáveis são os da 11ª variante, uma vez que a máquina está configurada para trabalhar quatro extremidades de fitas jacquard 11ª variante: *Po = 56* fios / cm; *K = 352* ganchos; largura de uma parte do enfiamento *4 = 6,3 cm -, o* número de partes no enfiamento *N = 4, a* largura total do enfiamento (sem bordas) *W = 25,2* cm. O número total de ganchos para o fundo e para a ourela é de 400 ganchos, mais os ganchos para mudar a cor da trama e para desligar o regulador de mercadorias aquando da colocação da trama com motivos, o número de ganchos será de cerca de 416 ganchos no total.

Assim, se a máquina Jacquard tiver 640 ganchos, haverá apenas 416 ganchos de trabalho (Fig.3.6). Em termos de composição, os padrões para os desenhos de fitas jacquard podem ser diferentes - geométricos, simétricos, às riscas, axadrezados, com um rebordo que repete um certo ritmo de pormenores, ou uma disposição arbitrária, composição livre.

Tabela 3.4.

Resultados do cálculo da densidade básica, da largura e do número de fitas num enchimento

№	Número de ganchos de trabalho, *K*, pcs	Densidade de enchimento do tecido na teia, *P*, fio/cm.	Largura de uma parte do recheio, *Ch*, cm,	Número de peças de reabastecimento, *N*	Largura total de enchimento, *W*, (sem bordos) cm.
1	352	196	1,8	14	25,2
2	352	182	1,9	13	25,2
3	352	168	2,1	12	25,2
4	352	154	2,3	11	25,2
5	352	140	2,5	10	25,2
6	352	126	2,8	9	25,2
7	352	112	3,1	8	25,2
8	352	98	3,6	7	25,2
9	352	84	4,2	6	25,2
10	352	70	5,0	5	25,2
11	352	56	6,3	4	25,2
12	352	42	8,4	3	25,2
13	352	28	12,6	2	25,2

PLANO DE GANCHO DE TRABALHO:				H416S8
(WEFT DESIGN)				
MÁQUINA				640
N.º de ganchos TOTAL				416
Não. SELEÇÃO DE CABOS	L:	8	R:	8
Não. GANCHOS, SUPORTES	L:	4	R:	4
N.º de ganchos DESIGN				392
PRIMEIRO GANCHO PARA A CONCEPÇÃO DE UMA BORDA PRÓPRIA				1
TRAMA, BORDA PRÓPRIA:				HHK1.3
SEGURAR AS EXTREMIDADES DA				R2.2

FIGURA:		
ESPECIAL: HLD. FIM TOGR..:		HF8
ESPECIAL: SEGURAR EXTREMIDADES FIG. :		HF4N
TECER, MANTER AS PONTAS NO CHÃO:		G8
VESTIDO, TERRA:		S8N
SAVEPRINT		SAIR

Fig.3.6 Parâmetros da correia concebida para fins especiais.

A Fig. 3.7 mostra a paleta de tranças introduzida no computador para a criação de padrões na fita jacquard para dragonas. Como se pode ver, as várias combinações de tecelagens e a sua utilização individual permitem diversificar significativamente o padrão (desenho) na parte da frente da fita jacquard (dragonas). Devido ao facto de os fios de poliéster serem importados do estrangeiro (em particular, de França) e de o custo desta matéria-prima ser muito elevado, tendo em conta os custos de transporte, os custos das cores de tonalidade, etc., propomos a substituição desta matéria-prima (poliéster) por fios de matérias-primas locais, ou seja, fios de seda natural. Neste caso, desenvolvemos e produzimos um lote piloto de uma nova gama de fitas jacquard para dragonas com fios de seda natural de 15,7 tex e 13,75 tex.

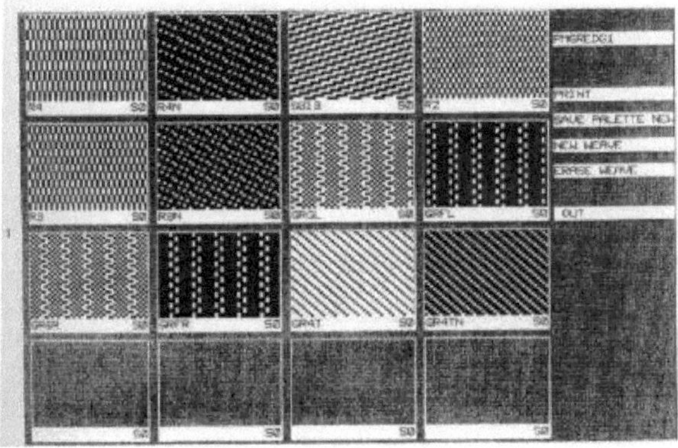

Figura 3.7. Paleta de trama para fita jacquard

Uma vez que os fios de seda têm mercerização e volume inerentes, o aspeto das fitas revelou-se muito melhor em termos estéticos do que as dragonas feitas de fios de poliéster. De acordo com os indicadores tecnológicos, as fitas jacquard de seda natural apresentam valores mais baixos do coeficiente de transformação da trama em relevo, o que permite reduzir o consumo de matérias-primas na produção de fitas jacquard para dragonas. Além disso, do ponto de vista sanitário e higiénico, a instalação de máquinas de fusão de extremidades de fitas em alguns tipos de máquinas provoca a emissão de gases e odores, que causam rasgões e asfixia dos trabalhadores no processo de fusão de fios de trama de poliéster e viscose. Por isso, é aconselhável substituir as fibras químicas na trama por fibras naturais (seda natural). O quadro 3.5 apresenta os principais parâmetros tecnológicos das fitas jacquard. Neste ponto, é necessário recordar que a preparação e a produção de fitas jacquard para fios de seda natural e de poliéster são idênticas, ou seja, permanecem inalteradas de acordo com a Fig. 3.5.

Tabela 3.5.

Taxas de produção de fitas Jacquard

Indicador	Matérias-primas	
	PEF 8.7 tex x 2	Seda natural 13,75 tex
Largura da correia, mm	68 + 2	68 + 2
Densidade da trama da fita, fios/cm.	50	50
Densidade linear de um metro linear de fita, g/m.	18 + 0,9	17,9 + 0,9
Entrelaçamento	Jacquard	
Número de fios na teia	400	400
Taxa de trabalho Trama	1,08	1,09

em terra 1 fundo 2 fundo trama em relevo 1 padrão 2 padrão	1,07 367,57 367,57	1,09 347,45 342,32
Consumo de fio por 100 m, gr.	1843	1800

Também foram feitos cortes transversais de fitas jacquard (alças) feitas de fios de trama com padrão de fita de viscose e fios de trama de seda natural. A análise dos cortes mostra que os fios de trama estampados de seda natural têm mais volume do que os fios de trama estampados de fibra de viscose. Consequentemente, o aspeto da fita tem um padrão mais pronunciado devido ao relevo (convexidade) dos fios na trama do tecido. A disposição dos fios com motivos na parte inferior da fita, sem fixação, leva à formação de pranchas longas, que devem ser posteriormente cortadas (convertidas em ugars) ou transferidas para o produto da dragona, o que complica a tecnologia de fabrico da dragona. Em qualquer dos casos, as dragonas não são estáveis à forma, devido à espessura da fita. A fim de obter dragonas resistentes à forma e reduzir a tecnologia de processamento da fita, propomos a fixação de fios de padrão flácido no lado errado do tecido. Neste caso, para evitar a visibilidade desta trama na face da frente do tecido, ela é colocada sob as sobreposições da trama de fundo ou sob as sobreposições da trama longa de outra trama com padrão. Foi desenvolvida e introduzida no computador uma paleta para fixar os fios de trama no lado errado da fita (Fig. 3.15). Assim, tendo no computador uma paleta de tramas na parte da frente da fita (Fig. 3.7) e uma paleta de fixação de fios de trama com padrão no lado errado da fita (Fig. 3.15), o computador calcula e define a fixação necessária da trama com padrão sem quebrar o padrão (cor) na face do tecido.

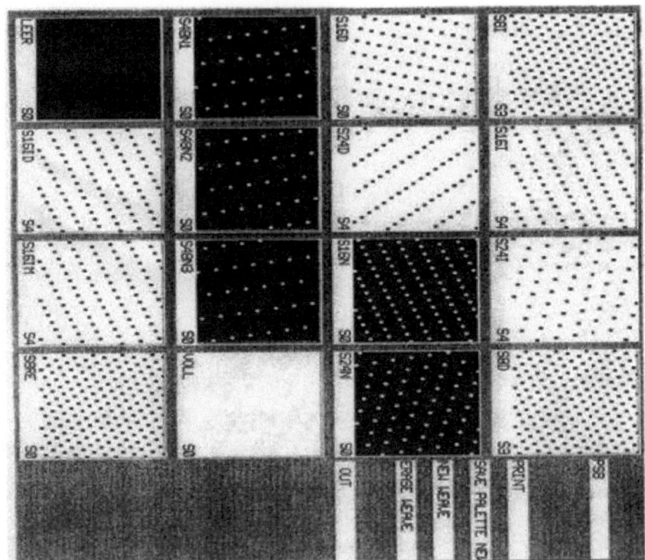

Fig. 3.15. Paleta para a fixação de fios de trama com motivos no avesso da fita

Os rendimentos da urdidura e da trama são um dos principais factores que determinam a estrutura e as propriedades das fitas jacquard, bem como o consumo de matérias-primas. O rendimento da trama é determinado pelo corte de um fio padrão (aceite)

da amostra de fita jacquard.

Trabalho com base em
$$a_o = \frac{l_o - l_T}{l_T} * 100\%$$

Acabamento em trama
$$a_y = \frac{l_y - l_T}{l_T} * 100\%$$

$_{oy}$em que l, l - comprimento do fio endireitado da urdidura e da trama, respetivamente; lt - comprimento e largura da amostra-padrão da fita jacquard.

O Quadro 3.6 e o Quadro 3.7 apresentam os valores experimentais dos rendimentos de urdidura e de trama para um fragmento do padrão de trama de fita jacquard (Fig. 3.16).

Quadro 3.6

Caraterísticas numéricas do título do fio na fita

№	Nome	Indicadores					
		Repetições, *m*					Valor médio de *U*
		y1	*y2*	*Uz*	y_4	y_5	
1	1 fundo de base	1,05	1,06	1,04	1,07	1,03	1,05
2	2 fundo da base	1,05	1,05	1,07	1,03	1,05	1,05

3	Borda da base	1,03	1,05	1,02	1,04	1,06	1,04
4	Pato de fundo	1,08	1,10	1,06	1,06	1,10	1,08
5	Padrão de trama	307	319	341	328	320	323
6	Borda da trama	12,5	13,0	12,8	13,2	12,5	12,8

Quadro 3.7

Caraterísticas numéricas do título do fio na fita

№	Nome	Indicadores				
		Dispersão	Desvio médio quadrático *5*	Coeficiente de variação *C*	Erro absoluto *ε*	Erro relativo *δ*
1	1 fundo de base	0,00025	0,016	1,52	0,02	1,09
2	2 fundo da base	0,00020	0,014	0,33	0,02	1,60
3	Borda da base	0,00025	0,016	1,54	0,02	1,90
4	Pato de fundo	0,00040	0,020	1,85	0,03	2,30
5	Padrão de trama	157,50	12,55	3,90	16,0	4,80
6	Borda da trama	0,0950	0,310	2,42	0,40	3,00

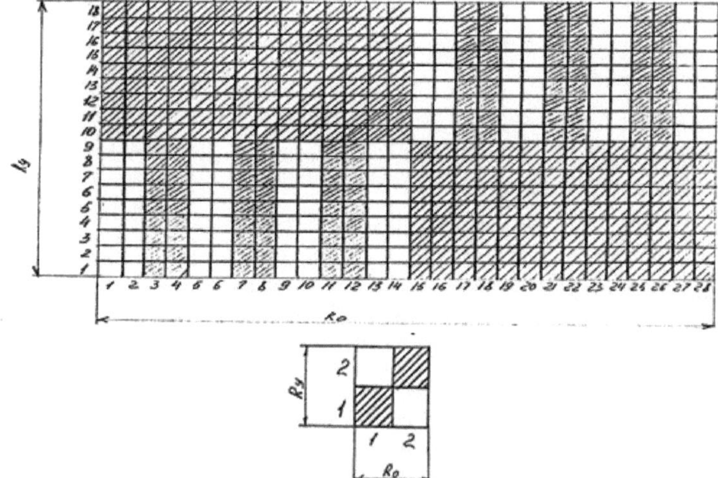

Fig. 3.16. Fragmento de um padrão de tecelagem numa fita jacquard. Acabamento da trama em relevo (de acordo com a figura 3.17) de um padrão de tecelagem

$$A_y = \frac{AB+BD+DF-AC-CE-EF}{AB+BD+DF} = \frac{2(AB-AC)}{2AB-BD} \quad (1)$$

Também da Fig. 3.17 segue-se. $_{o}AC=EF=b\,/Kn$, $BC = DE=b$.

$AB = \sqrt{BC^2 + AC^2} = \sqrt{b^2 + (b/K_{Ho})^2}$ $\quad BD = (R_O + ty)\ b\,/\,K_{Ho}$

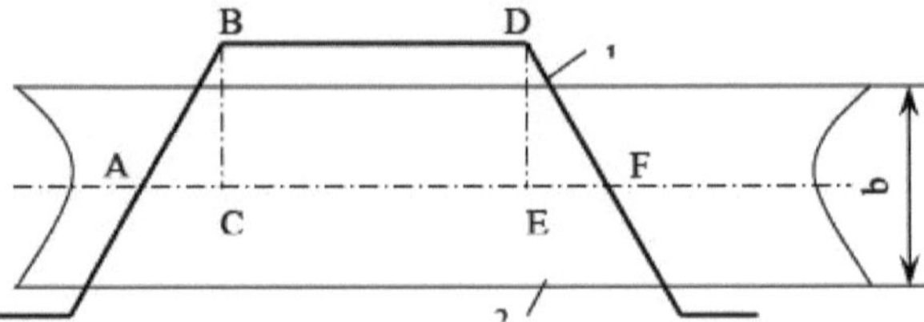

Fig. 3.17. Cálculo do processamento da trama em relevo, em que 1 é a trama em relevo, 2 é o tecido de fundo.

$_{y}$Na equação (1), o número dois significa o número de transições de trama do avesso para a frente do tecido, pelo que podemos denotar por t e a fórmula assumirá a forma após o enunciado;

$$a_y = \frac{t_y\left(\sqrt{b^2+(b/K_{Ho})^2} - b/K_{Ho}\right)}{t_y\sqrt{b^2+(b/K_{Ho})^2} + (R_o - t_y)\dfrac{b}{K_{Ho}}} * 100 \quad (2)$$

A equação 2 tem em conta o acabamento da trama em relevo para um fio num padrão de tecelagem. Para determinar o acabamento no âmbito do padrão, é necessário ter em conta o número de repetições dos relacionamentos de urdidura e trama no âmbito do padrão na largura e no comprimento da fita, ou seja, *no / Ro+ (ny / Ry) * Ci* (3), onde: *Po* - o número de fios de urdidura na relação do modelo ao longo da largura da fita; *Pu - o número de* fios de trama na relação do modelo e ao longo do comprimento da fita; *Ro, Ry - a* relação da trama de base da trama modelada na urdidura e na trama, respetivamente; *Ci - o* número de tramas em relevo colocadas numa única peça. Substituindo (3) por (2), obtém-se o acabamento da trama em relevo na fita jacquard, tendo em conta o relatório do padrão do tecido.

$$a_y = \frac{t_y(\sqrt{b^2+(b/K_{Ho})^2} - b/K_{Ho}) * (\dfrac{n_o}{R_o} + C_1\dfrac{n_y}{R_y}) * 100}{t_y\sqrt{b^2+(b/K_{Ho})^2} + (R_0 - t_y) * b/K_{Ho}} \quad (4)$$

$_{o}$Eis um exemplo de cálculo da tecelagem de trama de padrão: *b = 0,41 mm; do = 0,144 mm; dy = 0,12 mm; Ci = 2* - para o tear de pinças; *KHO = 0,5; n = 352.* $_{yo}$fios; *n = 730 ; R = 28 ;* $_{yy}$*R = 14 ; t =8* (ver Fig. 3.16) para um de um fragmento do padrão de tecelagem.

$$A_y = \frac{8(\sqrt{0.41^2 + (0.41/0.5)^2} - 0.41/0.5) * (\frac{352}{28} + 2 * \frac{730}{18}) * 100}{8\sqrt{0.41^2 + (0.41/0.5)^2} + (28-8) * \frac{0.41}{0.5}} = 307$$

Uma comparação do valor calculado com os valores experimentais (Tabela 3.7) mostra que o desvio é de cerca de 5 %, o que é aceitável na indústria têxtil. A redução do nível de quebra do fio no processo de tecelagem contribui para a realização do objetivo. Adoptámos a quebra do fio básico como critério para otimizar o processo de tecelagem. [23]Também foram escolhidos os seguintes parâmetros básicos e independentes: x 1- tensão da teia, cN; x - o tamanho do escalpe, mm; x - a posição do escalpe em relação ao esterno em altura, mm. Verifica-se que a rotura do fio de urdidura, para valores pequenos da tensão de enchimento, aumenta com o aumento da tira de sobretensão. Com valores elevados da tensão de enchimento, a rotura do fio também aumenta devido à tensão excessiva dos fios de teia. Quando a máquina é operada com um escalpe maior, as condições de surfaçagem do fio de enchimento são melhoradas e o tamanho da tira de surfaçagem é reduzido, o que piora as condições de formação do tecido e leva à sobretensão dos fios de teia na surfaçagem, resultando numa maior rotura do fio. A posição da altura do escalo determina a tensão igual ou a tensão diferente dos ramos do galpão quando a trama é passada para a borda do tecido e quando a trama é inserida no galpão. Os factores selecionados não são permutáveis, podem ser medidos e alterados em valores mínimos e máximos. Os outros parâmetros tecnológicos do enfiamento do tear mantiveram-se constantes durante a experiência. Uma vez que o processo de tecelagem não é estacionário no tempo e que, ao realizar um grande número de experiências, há uma distorção dos resultados devido a diferentes perturbações do processo, a aleatorização das experiências foi aplicada no planeamento da experiência. O controlo da rutura dos fios principais foi efectuado de acordo com a metodologia conhecida. O método composto central de planeamento de experiências de segunda ordem foi adotado no trabalho, o que dá a possibilidade de estudo detalhado, descrição e otimização do processo de tecelagem na área de otimização investigada. A seleção dos intervalos e valores dos factores para cinco níveis de variação foi realizada tendo em conta as possibilidades tecnológicas de enchimento da máquina, de acordo com a Tabela 3.8.

Tabela 3.8.

Níveis de variação dos factores

Factores	Níveis de variação					Intervalo
	-1,68	-1,0	0	+1,0	+1,68	
$_1$x - tensão de urdidura do	13	16	20	24	27	4

enchimento, cN						
X2 - valor do desvio, mm	7	10	15	20	23	5
xz - posição da rocha em relação ao esterno, mm	-15	-10	0	+10	+25	15

A experiência realizada sobre a matriz selecionada permite-nos obter a um modelo matemático de segunda ordem que descreve a influência dos factores

Xi, X2, xz nos parâmetros de otimização selecionados da seguinte forma

$$y = в_0 + в_1x_1 + в_2x_2 + в_3x_3 + в_{12}x_1x_2 + в_{23}x_2x_3 + в_{13}x_1x_3 + в_{11}x_1^2 + в_{22}x_2^2 + в_{33}x_3^2$$

em que *vo, ei, 6ij, vi* - coeficiente de regressão; *vo* - termo livre; *ei* =1, 2, 3 - coeficientes de regressão dos termos lineares; *ej=1*, 2, 3 - coeficientes de interação dos factores; *vc* = - coeficientes de regressão dos termos quadrados.

O documento contém os cálculos dos coeficientes de regressão, a dispersão dos coeficientes de regressão, os critérios de Student e de Fisher. A comparação dos valores calculados e tabelados dos coeficientes de regressão mostrou que todos os coeficientes são significativos e que o modelo é adequado. O modelo matemático que descreve a dependência da quebra em relação aos factores selecionados tem a seguinte forma

$$\begin{aligned} Ó_R &= 0{,}113 - 0{,}033X_1 - 0{,}008X_2 - 0{,}011X_3 - 0{,}015X_1 \cdot X_2 + 0{,}023X_1 \cdot X_3 + \\ &+ 0{,}025X_2 \cdot X_3 + 0{,}084X_1^2 + 0{,}018X_2^2 - 0{,}017X_3^2 \end{aligned} \quad (3.1)$$

É razoável avaliar uma experiência tecnológica utilizando limiares :

- $_{12}$y= f (x) a x constante , xz;
- $_{23}$y= f (x) a uma constante xi,x ;
- $_{2}$y= f (xz) a uma constante x1, x .

Os quadros 3.10- 3.12 resumem os resultados dos cálculos de rutura a partir dos factores de entrada. Como se pode ver, todas as equações representam a equação de uma parábola. $_{12}$A análise das curvas (Figs. 3.18- 3.21) traçadas pelas equações obtidas mostra que a variação de y a partir de x e x tem a forma de parábolas côncavas (Figs. 3.18, 3.19, 3.21). A influência de xz (posição da pedra em relação ao peito do tear, Fig. 3.20) em y é representada por uma parábola convexa com valores mínimos de y em xz iguais a - 1,68 e + 1,68, respetivamente. Por conseguinte, na produção deste tecido, é aconselhável elevar ou baixar o mais possível a scala em relação ao esterno, e a elevação da scala (xz= +1,68), como mostra a Fig. 3.21 conduz à quebra mais baixa. $_{212}$A curva de variação da rutura y traçada separadamente a partir da posição do desvio x no valor zero x (tensão dos fios principais) e a rocha máxima elevada xz= +1,68 mostra (ver Fig. 3.21) que em x =0 é possível reduzir a rutura dos fios em 2,2 vezes, ou seja, os parâmetros terão os seguintes valores: tensão dos fios principais - 20 cN (por 1 fio); o valor do desvio - 15 mm; a posição da rocha em relação ao esterno - (+ 25) mm. Com estes valores de parâmetros, a rotura das roscas principais não excederá 0,05 rotura por 1 m.

Tabela 3.10.

$_{12}$Resultados do cálculo y=y^x) a x e xz constantes

№	Valores constantes dos factores	$_1$ Quebra de fio da teia *y* valores do fator x variáveis				
		-1,682	-1	0	+1	+1,682
1	$_2$X =-1,XZ=-1	0,465	0,283	0,158	0,201	0,327
2	$_{23}$X =-1, X =0	0,407	0,241	0,139	0,205	0,347
3	$_{23}$x =-1,x =1	0,261	0,164	0,085	0,174	0,331
4	$_{23}$x =0,x =-1	0,385	0,247	0,107	0,135	0,251
5	$_{23}$x =0, x =0	0,407	0,23	0,113	0,164	0,295
6	$_{23}$x =0, x =1	0,340	0,179	0,085	0,159	0,306
7	$_{23}$x =1,x =-1	0,449	0,247	0,092	0,105	0,211
8	$_{23}$x =1, x =0	0,391	0,225	0,123	0,189	0,331
9	$_{23}$x =1,x =1	0,400	0,229	0,12	0,179	0,316

Tabela 3.11.

Resultados do cálculo y=f(xi) a x1 e xz constantes

№	Valores constantes dos factores	Rutura do fio valor do fator das variáveis de urdidura x_2				
		-1,68	-1	0	+1	+1,68
1	$_3$X1=-1,x =-1	0,328	0,283	0,247	0,247	0,268
2	$_3$X1=-1, x =0	0,269	0,241	0,230	0,255	0,293
3	$_3$X1=-1,x =1	0,176	0,165	0,179	0,229	0,284
4	$_3$X1=0,x =-1	0,214	0,158	0,107	0,092	0,102
5	$_3$X1=0, x =0	0,177	0,139	0,113	0,123	0,151
6	$_3$X1=0, x =1	0,107	0,086	0,085	0,12	0,165
7	$_3$X1=1,x =-1	0,313	0,247	0,181	0,151	0,151
8	$_3$X1=1, x =0	0,254	0,205	0,164	0,159	0,176
9	$_3$X1=1,x =1	0,207	0,175	0,159	0,179	0,213
10	$_3$X1=0,x =1,68	0,241	0,115	0,046	0,098	0,155

Tabela 3.12.

$_1$Resultados do cálculo y=Dxz) a x e x constantes$_2$

№	Valores constantes dos factores	Rutura de urdidura *y* variáveis valor do fator xz				
		-1,68	-1	0	+1	+1,68

1	$_2$X1=-1,x =-1	0,190	0,283	0,241	0,165	0,094
2	$_2$X1=-1, x =0	0,239	0,247	0,23	0,179	0,125
3	$_2$X1=-1,x =1	0,222	0,247	0,255	0,229	0,192
4	$_2$X1=0,x =-1	0,151	0,158	0,139	0,086	0,051
5	$_2$X1=0, x =0	0,115	0,107	0,103	0,085	0,077
6	$_2$X1=0, x =1	0,052	0,092	0,123	0,120	0,098
7	$_2$X1=1,x =-1	0,179	0,201	0,205	0,175	0,135
8	$_2$X1=1, x =0	0,096	0,135	0,164	0,159	0,136
9	$_2$X1=1,x =1	0,06	0,100	0,159	0,179	0,173

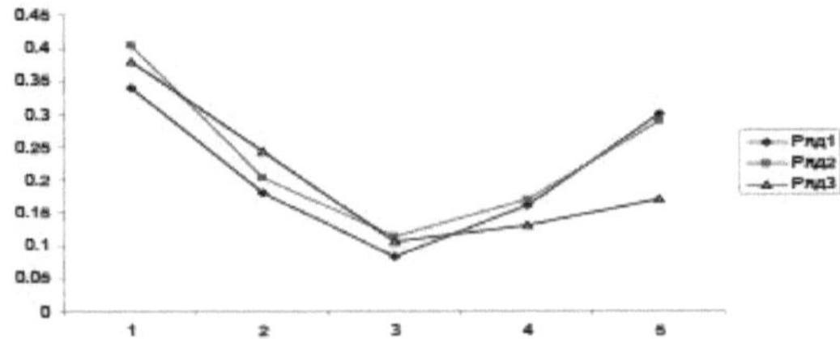

"Linha1 - X2 = 0 ; xz = 1 Linha2- X2 = 0 ; xz O LinhaZ - X2 = 0 ; xz = -1

Fig. 3.18 Influência da tensão de enchimento da teia na rotura do fio

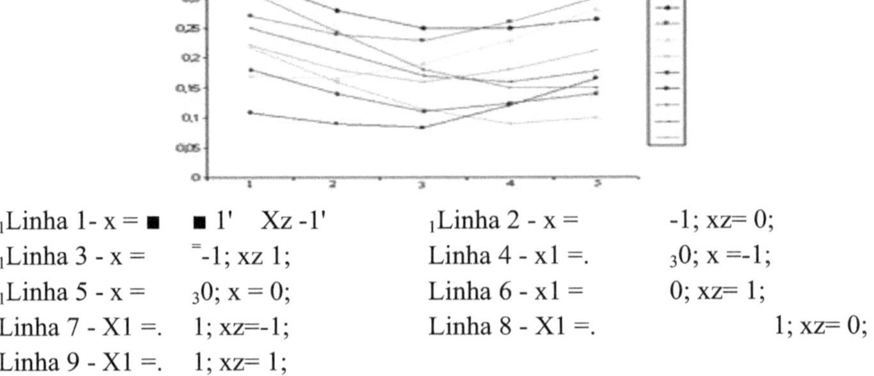

$_1$Linha 1- x = ■ ■ 1' Xz -1' $_1$Linha 2 - x = -1; xz= 0;
$_1$Linha 3 - x = "-1; xz 1; Linha 4 - x1 =. $_3$0; x =-1;
$_1$Linha 5 - x = $_3$0; x = 0; Linha 6 - x1 = 0; xz= 1;
Linha 7 - X1 =. 1; xz=-1; Linha 8 - X1 =. 1; xz= 0;
Linha 9 - X1 =. 1; xz= 1;

Fig. 3.19. Influência do tamanho da abertura na rotura da rosca

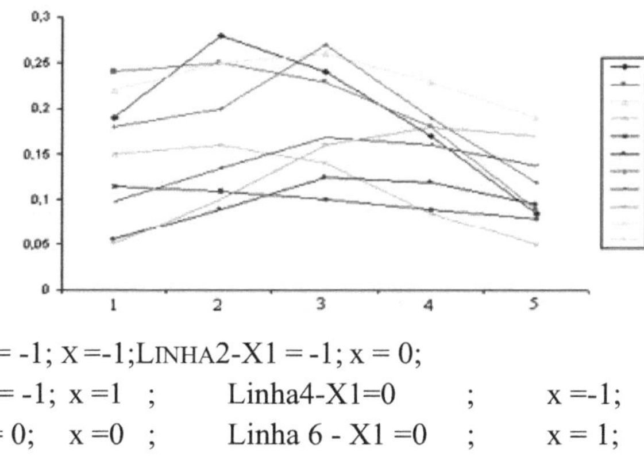

$_{22}$Linha1-X1 = -1; x =-1;LINHA2-X1 = -1; x = 0;
$_{22}$LinhaZ-X1 = -1; x =1 ; Linha4-X1=0 ; x =-1;
$_{22}$Linha5-X1= 0; x =0 ; Linha 6 - X1 =0 ; x = 1;
$_{22}$Linha7-X1=1; x = -1; Linha8-X1=1; x =0;
$_{2}$Linha 9 -X1 =1; x = 1;

Fig. 3.20. Efeito da posição do escalo na rutura da linha

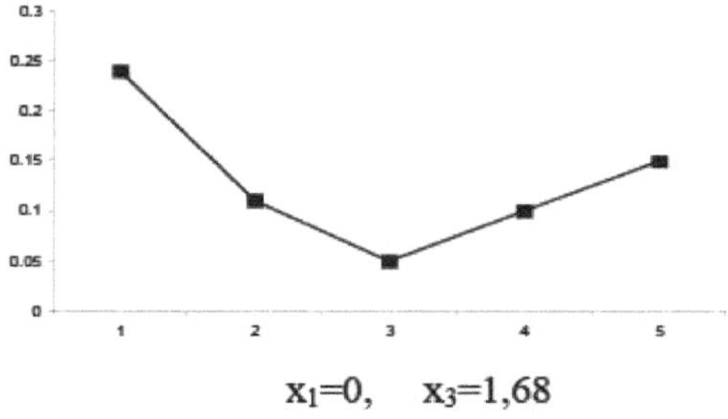

Fig. 3.21. Influência do tamanho da abertura na rotura da rosca

No resumo, referimos. Propõe-se o método de fixação dos fios de trama com padrão de flacidez no lado errado e de reforço do efeito de relevo na parte da frente da fita jacquard. É desenvolvida a sequência tecnológica de conceção e preparação da produção de fitas jacquard para fins especiais. É conveniente produzir fitas jacquard para fins especiais com base em matérias-primas locais (seda natural), uma vez que este tipo de matérias-primas é o mais disponível na República do Usbequistão na quantidade e preço necessários e tem boas propriedades ergonómicas. Obtém-se a fórmula de processamento da trama em relevo para tecidos jacquard de dois pontos com uma grande dispersão de padrões. A densidade na base, a largura e o número de extremidades no enfiamento aquando da produção de fitas jacquard são comprovados. Investiga-se o processo tecnológico de produção de fitas jacquard no tear através do método matemático de planeamento de experiências rotativas de segunda ordem. A interpretação geométrica do modelo matemático é estudada por meio de cortes. São determinados os parâmetros tecnológicos óptimos da produção de fitas jacquard. O nível de rutura do fio de urdidura é de 0,05 rupturas por 1 m de tecido com uma tensão de enchimento da urdidura de 20 cN, o valor do ponto atrás -15 mm. e a posição do escalo acima do esterno em 25 mm.

No quarto capítulo, são investigadas **a** tensão de urdidura, o consumo e as propriedades físico-mecânicas das fitas jacquard. Foi efectuada uma avaliação da classificação das propriedades de exploração de fitas jacquard para fins especiais e foi investigada a qualidade das fitas jacquard. As fitas jacquard desenvolvidas têm um objetivo especial, o que lhes impõe requisitos específicos. Estes são os requisitos do consumidor, as possibilidades tecnológicas de produção e, mais importante, um conjunto de propriedades que asseguram a utilização do seu objetivo. Para além disso, é necessário cumprir os requisitos estéticos. Normalmente, o volume e o relevo são conferidos às fitas através de tecidos com padrões grandes e sobreposições alongadas, o que dificulta a sua fixação ao vestuário. Todos estes requisitos foram conseguidos através da criação de fitas jacquard com novos tipos de tecelagem que, ao reduzir o comprimento das sobreposições, permitem obter uma estrutura mais rígida. Além disso, este tipo de tecelagem permite obter padrões geométricos de ornamentação do campo principal das dragonas, que reflectem a herança de monumentos antigos e as subtilezas dos gostos estéticos dos povos do Usbequistão. Para o fabrico das fitas, foram utilizados fios de poliéster de diferentes densidades lineares. As caraterísticas dos fios de urdidura e de trama são apresentadas no quadro 4.1. Os resultados obtidos mostraram que foi utilizado um tipo de fios de urdidura para produzir fitas jacquard de todas as variantes e apenas foram variados os fios de trama de densidade linear diferente. Este facto permitiu obter fitas com diferentes estruturas. É óbvio que os novos sortidos de fitas jacquard desenvolvidos não têm análogos. As suas principais caraterísticas são apresentadas no Quadro 4.2. Os resultados obtidos mostraram que todas as amostras de fitas jacquard têm os mesmos parâmetros de densidade. Contudo, devido à utilização de fios de urdidura e de trama de diferentes espessuras, foram obtidas fitas com diferentes densidades de superfície

Tabela 4.1.

Caracterização de fios e fios para a produção de fitas jacquard

Tipo de amostra	Atribuição					
	Base			Pato		
	Composição das fibras	Densidade linear T	Fiação Cr\m	Composição das fibras	Densidade linear T	Fiação Cr\m
1	PEF	11,0	600	PEF	8,7	120
2	PEF	11,0	600	PEF	16,6	
3	PEF	11,0	600	PEF	5,7	120

Caraterísticas das fitas jacquard

Tabela 4.2.

N.º de Obr	Tipo de ligação	Composição das fibras densidade linear		Densidade por 10 centímetros.		Densidade da superfície g/cm2
		base	patos	bases a	Pato	
1	Jacquard	PEF	PEF	60	25x2	13,78
		11 tex	8,7 T			
		600 kr\m	120 kr\m			
2	Jacquard	PEF	viscose	60	25x2	13,84
			16,6T			
3	Jacquard	PEF	PEF	60	25x2	13,81
			5,7T			
			120 kr\m			
4	Jacquard	PEF	PEF	60	25x2	13,83

Condições de funcionamento específicas requerem propriedades especiais, que foram identificadas pelo método de avaliação de peritos, classificando as propriedades de acordo com o seu grau de importância. Os resultados das avaliações dos peritos mostraram que as mais significativas para estas condições de funcionamento são: alongamento na rutura; rigidez; extensibilidade; carga de rutura. Sem dúvida significativas são: aparência; conforto. As mais significativas são as propriedades mecânicas que conferem propriedades tecnológicas aos produtos fabricados com as fitas jacquard desenvolvidas. Durante a sua produção, as fitas sofrem uma tensão espacial biaxial em duas direcções mutuamente perpendiculares. A deformação das fitas tem um carácter complexo e é acompanhada pela deslocação dos elementos estruturais e pelo alongamento. De acordo com a classificação dos indicadores de qualidade, foram testadas as seis primeiras gamas de tecido jacquard. As propriedades físicas, mecânicas e outras das fitas foram investigadas de acordo com os métodos actuais das Normas Republicanas. Os ensaios foram efectuados em amostras produzidas nas condições do laboratório de produção da JSC "Uchkun" da Associação Estatal do Uzbequistão e do laboratório de certificação "Centexuz". As principais caraterísticas das fitas são estimadas por um complexo de parâmetros que determinam as propriedades físico-mecânicas, estéticas, higiénicas e operacionais dos tecidos, sendo que para alguns deles existem métodos instrumentais objectivos de estimativa e apoio instrumental e, para outros, que não estão sujeitos a tal estimativa, é utilizada uma abordagem individual de um perito. Os critérios não mensuráveis incluem caraterísticas como a aparência e o conforto. Nos estudos experimentais, o aspeto foi avaliado visualmente pelos peritos através de um conjunto de caraterísticas - geometria do padrão (desenho), brilho (efeito acetinado), cor, resistência à luz e aos tratamentos húmidos. Dos parâmetros acima referidos, os dois primeiros foram avaliados pelos peritos e foram muito apreciados pelo seu padrão de relevo claro. O conforto é avaliado por um conjunto de caraterísticas que determinam a higroscopicidade, as propriedades de isolamento térmico, a permeabilidade ao ar e outros parâmetros. Uma vez que o critério de conforto é muito subjetivo, foi avaliado com base nos resultados de um ensaio de 20 conjuntos de dragonas militares. De acordo com o feedback dos especialistas, o produto caracteriza-se por elevadas propriedades de proteção térmica que criam condições de conforto. De acordo com esta caraterística e com a opinião dos especialistas, as fitas de seda satisfazem as condições de funcionamento em zonas de clima quente. Durante a produção e o funcionamento, as fitas jacquard são submetidas a vários efeitos mecânicos que provocam deformações de tração, compressão e flexão, bem como a resistência tangencial dos tecidos e também estão associados a fenómenos como o deslizamento e o esfarelamento. A resistência à tração é um indicador importante das propriedades mecânicas dos tecidos, incluindo as fitas jacquard, que determinam a sua integridade. A resistência à tração é avaliada pela carga de tração - a maior força suportada pela amostra no momento da rutura. Uma das caraterísticas mais importantes que determina a relação das fitas com várias cargas aplicadas e a sua integridade é a carga de rutura, que caracteriza a resistência das fitas sob tensão estática biaxial. Os resultados da determinação da carga de rotura e do alongamento na rotura são apresentados na Tabela 3. Os resultados obtidos mostram que todas as amostras em estudo têm valores próximos de carga e alongamento na rotura, o que indica a identidade da sua estrutura. Na fixação rígida de fitas jacquard sob a forma de dragonas no vestuário, estas são constantemente sujeitas a tensões biaxiais de tração, o que provoca o deslocamento dos fios de um sistema em relação ao outro, ou seja, o deslizamento. Por conceção incompleta entende-se a utilização autónoma de subsistemas CAD separados, onde são detectados os valores do coeficiente de conetividade ou tensão da produção de tecido no tear, de acordo com os quais são determinadas as densidades de fios de teia e trama necessárias para esta tecelagem e o tipo de matéria-prima aceite. O design orientado envolve o desenvolvimento de um protótipo de tecido.

A resistência ao cisalhamento é medida pela quantidade de carga necessária para deslocar os fios de teia ou de trama. A resistência ao cisalhamento dos fios é determinada por muitos factores da estrutura da fibra e do fio, tipo de trama, densidade do fio, relação entre a espessura da teia e da trama, dobragem do fio, caraterísticas de acabamento, etc., que influenciam a quantidade de fricção entre as fibras. Os resultados da determinação da extensibilidade mostraram que todas as variantes das fitas desenvolvidas não são extensíveis (a norma de extensibilidade não é inferior a 9 kg). Resistência ao processamento húmido - a propriedade de preservar o tom do tecido tingido e a transição do corante no tecido branco e noutras cores, bem como a preservação das dimensões lineares (encolhimento). Neste trabalho, para a avaliação dos critérios de propriedades das fitas combinadas, utiliza-se o método de classificação a priori de acordo com o método de planeamento de experiências. Durante o funcionamento, as fitas de dragonas estão constantemente expostas à abrasão, o que provoca o seu desgaste e a formação de borbotos, ou seja, a deterioração do seu aspeto. Os resultados do desgaste por fricção estão resumidos no quadro 4.3. Os resultados obtidos mostram que todas as variantes de fitas jacquard são resistentes ao desgaste e não formam borbotos na superfície. Ao mesmo tempo, não perdem a cor quando esfregadas em condições húmidas.

Tabela 4.3.

Resultados da determinação das propriedades físicas e mecânicas das fitas jacquard

N.º Obr.	Carga de rutura	Alongamento	Ciclo de desgaste.	Rigidez condicional μN cm2	A durabilidade da bola de colorir.	Extensibilidade Kg.	Pilen-durabilidade das serras\10cm2
	H	%					
1	590,2	34,4	19750	9800	5	18,3	1
2	617,6	35,2	20080	10300	5	20,4	1
3	575,8	34,1	18540	8980	5	19,8	1
4	589,8	33,8	19720	9050	5	17,3	1
5	550,3	32,0	20020	9930	5	18,7	1
6	580,7	34,0	19870	8720	5	18,8	1

Tabela 4.4.

Parâmetros de qualidade da fita jacquard selecionados em resultado da avaliação da classificação

Fita Jacquard (dragonas) de fios

Base de poliéster, trama de poliéster	Base-poliéster, trama-seda natural.
xZ - aparência	Aspeto *xZ*
x2 conforto	*x2* conforto
x8- alongamento	*x8*- alongamento
algodão - rigidez	*algodão* - rigidez
extensibilidade *x4*	extensibilidade *x4*
x7 - carga de rutura	*x7* - carga de rutura

Em termos de resistência à abrasão, as amostras experimentais são praticamente tão boas como os tecidos de seda. A abrasão foi medida a M -235/3.

Amostras	Unidade. Medições	magnitude
1 opção	ciclo	7000
2 variante	ciclo	3950
3 opção	ciclo	7005
A média é de 6.985 ciclos.		

A carga de rutura foi determinada a AG - 1. O kit inclui um computador pessoal, uma impressora e um compressor.

BasisDuck

Fo = superior a 1019N $_{y}$F = 624N

Eo = superior a 18%Eu = 18%

De acordo com os resultados da investigação das propriedades físico-mecânicas e tecnológicas dos novos sortidos de tecidos jacquard, podem ser tiradas as seguintes conclusões principais: entre os numerosos parâmetros dos novos sortidos de tecidos jacquard, a prioridade é a aparência e a resistência ao processamento húmido; de acordo com as propriedades físico-mecânicas e higiénicas, as novas amostras de tecido cumprem os requisitos das normas republicanas e europeias.

CONCLUSÃO

Na fase atual, o desenvolvimento de atributos militares (dragonas, divisas, etc.) para as Forças Armadas da República do Uzbequistão, tendo em conta as tradições nacionais em matéria de ornamentação e simbolismo, é uma das tarefas mais importantes na esfera política, pelo que o desenvolvimento da tecnologia e da conceção de atributos para as Forças Armadas da República do Uzbequistão é um aspeto necessário em que é necessário ter em conta os conceitos semânticos de "História-modernidade". O desenho informático da máquina provoca principalmente a expansão da gama de produtos produzidos e o armazenamento mais conveniente da informação e do padrão de tecelagem, e o artista-dissenador pode, no monitor, sem trabalhar com amostras, aplicar uma abordagem de multivariação da produção de um determinado padrão, aplicar diferentes combinações de tons e tecelagens e transferir o programa para o disco do computador, controlando a máquina jacquard eletrónica, o que exigiria muito tempo e grandes despesas materiais no desenvolvimento do padrão pela forma clássica. Foram desenvolvidas fitas jacquard para dragonas, tendo em conta novas composições ornamentais e soluções cromáticas de acordo com os significados simbólicos entre elas. São propostos novos sistemas de codificação dos padrões das fitas jacquard, tendo em conta as tramas dos fios de base e de padrão, o tipo de máquina jacquard e a sequência das tramas utilizadas. Desenvolve-se a sequência tecnológica da conceção, preparação e produção de fitas jacquard para fins especiais, especifica-se o método de fixação dos fios de trama com motivos flácidos no avesso da fita e de reforço do efeito de relevo na parte da frente da fita jacquard. É conveniente produzir fitas jacquard para fins especiais com base em matérias-primas locais (seda natural), uma vez que este tipo de matérias-primas está disponível na quantidade e preço necessários e tem propriedades ergonómicas. Obtém-se a fórmula de processamento da trama para tecidos jacquard de duas tramas com uma grande relação de padrões. A densidade de enchimento na base, a largura e o número de extremidades do enchimento na produção de fitas jacquard são comprovados. O processo tecnológico de produção de fitas jacquard no tear é investigado através do método matemático de planeamento de experiências rotativas de segunda ordem. A interpretação geométrica do modelo matemático é estudada por meio de cortes. São determinados os parâmetros tecnológicos óptimos da produção de fitas jacquard. O nível de rutura do fio de urdidura é de 0,05 rupturas por 1 m. de tecido com uma tensão de urdidura de 20 cN, o valor da pontuação de 15 mm, a posição do couro cabeludo acima do esterno de 25 mm. No sortido de fitas de tecelagem jacquard, os parâmetros prioritários são a aparência, o conforto, a respirabilidade, o não enrugamento, a carga de rutura e a resistência ao processamento húmido. Em termos de propriedades físicas, mecânicas e higiénicas, as novas amostras de fitas jacquard cumprem os requisitos das normas republicanas e europeias para o grupo de fitas jacquard para fins especiais.

LITERATURA

1. Ogarkov N.V. Dicionário Enciclopédico Militar. -M.: Casa Publicadora Militar, 1983. -863 c.
2. Pokhlebkin V. V. Símbolos e emblemáticas internacionais. -M.: Relações Internacionais, 1989. -300 c.
3. Karamatov X., Rtveladze E., Saidkasimov S. Amir Timur na História Mundial. -T.: Shark, 2001. -174 c.
4. http:/army, armor.kiev.ua/forma-2/index- shtml
5. http : /uzshevron, nm, ru./pogqk. htm
6. Maraimov C.T. et al. Insígnia de ombro. Patente SPD 00850. 2001. №3.
7. Maraimov S.T. et al. Insígnia de ombro. Patente SPD 00970. 2002. №5.
8. Uzakova U.R. et al. Insígnia de ombro. Patente. 2003. №.
9. Malakhova S.A., Zhuravleva T.A. Conceção artística de produtos. -M.: Legprombytizdat, 1988, - 304 p.
10. Sobolev P.P. Essays on the History of Decorating Fabrics (Ensaios sobre a história dos tecidos de decoração). Academia Moscovo - São Petersburgo. 1934,- 434 c.
11. Martynova A.A. et al. Estrutura e desenho de tecidos. -M.: RIO MGTOA, 1999. - 434 c.
12. Nikitin NM. Teoria dos tecidos de tecelagem em uma base matemática. - Indústria leve, 1964. - 455 c.
13. Nikitin N.M. Desenho de tecidos. -M.: Rostekhizdat, 1961. - 212 c.
14. Kalistratov M.A. Automatização da conceção e análise de tecidos de tecelagem por meio de computador. Avtoref. Cand. Faculdade de Ciências Técnicas. - INSTITUTO DE TECNOLOGIA DE MOSCOVO. 1969. - 16 c.
15. Gleaner M.I. et al. Métodos de programação de padrões para tecidos duplos. T.T.P., Izvestiya Vuzov, 1971. -№4, - 89 c.
16. Milasius V.M., Reklaitis V.K. Codificação de tecidos de tecelagem. - Legprombytizdat. 1988. - 80 c.
17. Zhuravleva T.A. Conceção artística de padrões de tecidos industriais com a utilização de computadores. Autorref. dne. ... Cand. de ciências técnicas. -M.: MTI, 1984. - 17 c.
18. Borzunov G.I. Aplicação informática na preparação da produção de tecidos de padrão fino em máquinas STB. Autorref. dne. ... Candidato de Ciências Técnicas. -M.: 1980. - 17 c.
19. Borzunov G.I. Análise de padrões de tecelagem coloridos por meio de computador. T.T.P., IzvestiyaVuzov, 1985. -№5. -C. 35-38.
20. Krylov G.A. Automatização da conceção de padrões de tecido do tipo crepe por meio de computador. Avtoref. dne. ... Cand. de Ciências Técnicas. -M.:

TSNIIHBI, 1983. - 22 c.
21. Alimbaev E.Sh. Tutsima tuzilishi nazariyasi. -T.: Alokachi, 2005. -231 б.
22. Alimbaev E.Sh. Tukuv urilishlarni tasniflash. -T.: TTESI, 1996. - 18 б.
23. Daminov A.D. Fundamentals of structure forecasting and design of textile fabrics. Autorref. dne. ... doutor em ciências técnicas. -T.: TITLP,2006. -42 c.
24. Surnina N.F. et al. Automatização do desenho de tecidos. Indústria têxtil. 1989. -№9. -C. 60.
25. Lomov S.V., Gusakov A.V. Codificação da trama de estruturas tecidas em camadas. Izvestiya Vuzov. Tecnologia da indústria têxtil, 1993. -№3. - c. 43-50.
26. Onikov E.A. et al. Livro de referência "Tecelagem de algodão". -Indústria leve, 1979. - 488 c.
27. Surnina N.F. Projetando tecido de acordo com os parâmetros fornecidos. -M.: Indústria leve, 1973. - 144 c.
28. Damyanov G.B. et al. Estrutura do tecido e métodos modernos de seu design. -M.: Indústria leve e alimentar, 1984. -237 c.
29. Smirnov V.I. Estudos teóricos da estrutura do tecido de tecelagem simples. -M.: Rostekhizdat, I960. - 100 c.
30. Popovskiy A.U. Estudo das alterações nos indicadores qualitativos dos fios de seda natural durante a transformação em tecidos de aurora. Avtoref. dne. ... Cand. de ciências técnicas. -T.: TITLP, 1977. -27 c.
31. Alekseev K.G. Pesquisa do processo de formação de tecido de algodão de tecelagem simples. -M.: Gizlegprom, 1958. - 146 c.
32. Ilyin I.V. Sobre a estrutura geométrica do tecido de camada única. Izvestiya Vuzov. T.T.P., I960. 35, c. 61-66.
33. Vorobyev V.A. Métodos de cálculo para a construção de fios e tecidos de lã. -Indústria ligeira, 1964. - 163 c.
34. Kutepov O.S. Estrutura e desenho de tecidos. -M.: Legprombytizdat, 1988. - 220 c.
35. Malakhova S.A. Design artístico de produtos têxteis. -M.: Legprombytizdat, 1988. - 303 c.
36. Kozlov V.N. Fundamentos do design artístico de produtos têxteis. -M.: Legprombytizdat, 1981. -264 c.
37. Zaborovskiy B.A. et al. Programação automática de padrões de jacquard. -K.: 1978. - 135 c.
38. http://ecoguild.narod.ru
39. Dekhanova M.G., Mshvenieradze A.P. Tecelagem de fitas e produção de vime. -M.: Legprombytizdat, 1987. -200 c.
40. Dekhanova M.G. Equipamento de tecelagem de fitas e de vime : Indústria têxtil e de retrosaria, 1989. - 99 c.

41. http://mueller-frick.com
42. Beresneva V.Ya., Romanova N.V. Questões de ornamentação de tecidos. - Indústria ligeira, 1977. - 192c.
43. Uzakova U.R., Alimova H.A., Rakhimkhodjaev S.S. Fundamentos do desenvolvimento de elementos de atributos das forças armadas. // Respublika ilmiy-amaliy anjuman. - Toshkent, 2005. - 221-226 б.
44. Uzakova U.R., Alimova H.A., Rakhimkhodjaev S.S. Fundamentos da conceção de atributos militares para as forças armadas da República do Uzbequistão. // -Tashkent, 2005. -№ 2, - C. 115-127.
45. Rosenblum E. O artista no design. -M.: 1975. - 368 c.
46. http://www.design.ru
47. Uzakova U.R., Daminov A.D., Zholdasova A.D. Ornamento clássico no vestuário de Karakalpak. // Resumos da conferência científica e prática "Tutsimachilik 2005". - Tashkent, 2005. -C.81.
48. Uzakova U.R., Rakhimkhodjaev S.S., Surova E. Conceção e design de tecidos de tapeçaria. // Resumos da conferência científica e prática. - Tashkent, 2004. -C. 103-104.
49. Uzakova U.R., Khasanov B.K., Khakimova M.Sh. Conceção e tecnologia de produtos de alcatifa para interiores de crianças. // Teses de relatórios da conferência científica e prática. -Tashkent, 2008. - C 88-91.
50. Mirzaev O.A., Uzakova U.R., Daminov A.D. Modelação e desenho de tecidos com a ajuda da computação gráfica. // Coleção de materiais "Pesquisa 2004". -Ivanovo, IGTA. 2004. - C. 188-190.
51. Sobirova G.N., Rakhimkhodjaev S.S., Uzakova U.R. Software do subsistema de construção de tecelagem. // Problemas de têxteis, 2005. -№2- c. 62-64.
52. Uzakova U.R., Rakhimkhodjaev S.S., Sobirova G.N. Software do subsistema de construção de tecelagem. // Teses de relatórios da conferência científica e prática. -Tashkent, 2005. - C 80.
53. Uzakova U.R., Khasanov B.K., Kadyrova M.Y. Tecnologia e design do tecido do sortido infantil. // Teses de relatórios da conferência científico-prática. -Tashkent, 2008. - C 92-95.
54. Surova E.A., Uzakova U.R., Rakhimkhodjaev S.S. Tecido de tapeçaria de uma nova estrutura. // Coleção de materiais "Pesquisa - 2004". Ivanovo, IGTA, 2004. - C. 103-104.
55. Uzakova U.R., Shekerova S. Obtenção do produto acabado semi-acabado no tear jacquard. // Teses de relatórios da conferência científico-prática. - Tashkent, 2004. - C 81.
56. Saimuratov H.S., Uzakova U.R. Descrição do código e construção de tramas

de tecidos jacquard. // Conferência da República ilmiy-amaliy "Tukimachilik-2004y.", -Toshkent, 2004. -98 б.
57. Uzakova U.R., Alimova H.A., Rakhimkhodjaev S.S. Complexo Jacquard na tecelagem eletrónica. // NTZH. Ipak. 2002. -№1, -C. 34-35.
58. Rakhimkhodjaev S.S., Uzakova U.R., Kadyrova M.A. Computer technologii yerdamida jakkard tuktsmalarni patronlashtirish. 1 va 2 kiem. -T.: 2007.-274 b.
59. Uzakova U.R., Alimova X. A., Rakhimkhodjaev S.S. Jacquard complex in weaving on electronic basis. Folha de informação do GFNTI, -Tashkent, 2001.
60. Uzakova U.R., Alimova H.A., Rakhimkhodjaev S.S. Desenvolvimento e produção de fitas tecidas. // Material da conferência científica e técnica internacional. -Tashkent, 2002, -C. 21.
61. Granovsky S.G. Tecidos Jacquard (patrocínio de padrões) - M.: Legkaya Industriya, 1971. - 368 c.
62. Uzakova U.R., Alimova H.A., Rakhimkhodjaev S.S. Fitas Jacquard para fins especiais. // N.T.J. Silk. -Tashkent, 2002. -№1, -C.4950.
63. Rozanov F.M. et al. Estrutura e design de tecidos. -M.: Indústria Ligeira, 1953. -471 c.
64. Sevastyanov A.G. Métodos e meios de pesquisa de processos mecânicos e tecnológicos da indústria têxtil. -M.: Indústria Ligeira, 1980. - 392 c.
65. Getsonok B.I. Controlo estatístico do processo de tecelagem. -M.: Indústria leve e alimentar, 1983. - 86 c.
66. Shutova N.E. Quebra de rosca e estabilidade do processo tecnológico. -M.: Indústria Ligeira, 1975. - 79 c.
67. Uzakova U.R., Rakhimkhodjaev S.S. Otimização do processo tecnológico de tecelagem na produção de fitas jacquard. // Materiais da conferência científica e prática "Desenvolvimento e melhoria do design e da tecnologia de artigos de couro", -Tashkent, 2008.-C. 167-171.
68. Solov'ev A.N., Kiryukhin S.M. Avaliação da qualidade e normalização de materiais têxteis. -Legkaya Industriya, 1974. 245 pp.
69. Chernenko N.A., Uzakova U.R. Conceção de tecido decorativo em "Riomo SISTEMS". // Conferência da República da Índia "Tutsimachilik-2004y.". -Toshkent, 2004. -74 б.
70. Shamukhitdinova L.Sh., Chursina V.A., Uzakova U.R., Alimova H.A. Desenvolvimento dos princípios de criação de novos tipos de padrões de tecelagem para tecidos jacquard para fins de vestuário. // Problemas de têxteis. -Tashkent, 2003. -№3, - c. 5-7.
71. Manokhina O., Daminov A.D., Desenvolvimento de um programa de padrões de tecelagem para implementação na máquina Jacquard. // Coleção de artigos científicos da TDTU. -Tashkent, 2003. - 160-161 c.

72. Uzakova U.R., Daminov A.D., Abdurazokov Sh. Tecido desportivo para lutadores "Kurash". // Teses. dokl. da conferência científico-prática, - Tashkent, 2004. - c. 86

Printed by Books on Demand GmbH, Norderstedt / Germany